NOTICE

SUR

LES EAUX ET BOUES

THERMALES ET MINÉRALES

DE SAINT-AMAND,

Par S. BOTTIN, *Secrétaire général de
la Préfecture du département du Nord ,
Membre correspondant de la Société
impériale d'agriculture, de celle de statistique, etc.*

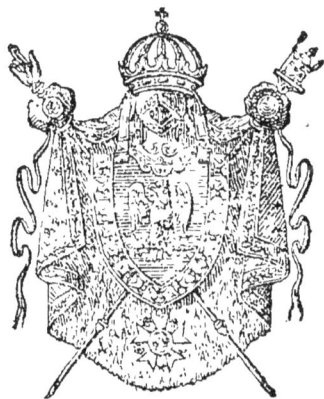

A LILLE,

Chez MARLIER , Imprimeur, Pont de Roubaix.
Fructidor an 13 , (1805).

A

LEURS ALTESSES
IMPÉRIALES
LE PRINCE
ET
LA PRINCESSE
LOUIS,

Honorant de leur présence les Bains de Saint-Amand, pendant la saison de l'an 13 (1805).

HOMMAGE

DU PROFOND RESPECT

ET

DU DÉVOUEMENT.

NOTICE

SUR

LES EAUX ET BOUES

THERMALES ET MINÉRALES

DE SAINT - AMAND.

Auteurs qui ont écrit sur les Eaux et Boues de St.-Amand.

Depuis un siècle, il a paru différens écrits sur Héroguelle l'établissement des eaux et boues minérales de Saint-Amand; ils sont tous dus à des médecins; en voici la nomenclature :

1º. La vraie panacée présentée à Louis-le-Grand, notre auguste et très-invincible Monarque, avec la vraie anatomie des eaux minérales de Saint-Amand, nouvellement découverte par le moyen des principes chimiques, par le sieur de *Héroguelle*, médecin d'Arras, aggrégé au collége des médecins de Tournai. A *Tournai*, Couton, 1685, in-8º., 129 pages.

2º. La même anatomie, sous ce titre : la fontaine minérale de Saint-Amand triomphante par les arcanes, ou plus rares secrets de la médecine, par le même. *Valenciennes*, Henry, 1691, in-8°. (1)

Brassart,

3°. Observations sur la fontaine minérale de Saint-Amand, par Jean-Joseph *Brassart*, médecin juré et pensionnaire de l'abbaye de Saint-Amand. *Tournai*, Caulier, 1698, in-8°.

Boulduc.

4°. Examen des eaux de Saint-Amand près de Tournai, par M. *Boulduc*, de l'académie royale des sciences. *Histoire de l'académie*, 1699, p. 56. (2)

Mignot,

5°. Traité des eaux minérales de Saint-Amand, par le sieur *Mignot*, ci-devant médecin des hôpitaux du roi à Mons. *Valenciennes*. G. F. Henry, 1700, in-12, 63 pages.

Pithois,

6°. Le temple d'Esculape rétabli, ou le journal de ce qui s'est passé de plus particulier aux eaux minérales de Saint-Amand, pendant l'année 1700. *Valenciennes*, G. F. Henry, 1701, in-12, 61 pages. Cet ouvrage, sans nom d'auteur, est de M. *Pithois*.

Brassart,

7°. Traité des eaux minérales de la fontaine de *Bouillon* de Saint-Amand en Flandre, par le sieur

---

(1) M. *Bouquié* parle d'une première édition de l'ouvrage d'*Héroguelle* publiée en 1683 sous le titre d'*établissement des fontaines médicales de St.-Amand*, et d'une troisième imprimée en 1690 : *fontaine triomphante lez-St.-Amand* ; enfin , M. *Gosse* assure que ce même traité a été réimprimé en 1698, et qu'il paraît que ce fut avec additions.

(2) *Boulduc* n'a rempli qu'une demi-page ; il nous apprend que les eaux se sont rendues fameuses depuis quelques années. C'est tout ce que l'on peut tirer d'utile de ce qu'il en dit.

Brassart, médecin juré et directeur desdites eaux. *Lille*, Leblon, 1714, in-8°., 85 pages. (3)

8°. Mémoire sur les eaux minérales de Saint-Amand, par M. *Morand* (père), de l'académie royale des sciences. *Mémoires de l'académie*, 1743; page 1, et histoire, page 98. (4)

9°. Réponse à un mémoire envoyé de Lisbonne, touchant les eaux minérales de Saint-Amand. Brochure anonyme citée par M. *Gosse*.

10°. Observations par le sieur *Gosse*, médecin de l'hôpital royal militaire de Saint-Amand et pensionnaire de cette ville, imprimées à *Douai*, en 1750, in-8°. (5)

[marginal notes: Morand. Anonyme. Gosse.]

---

(3) M. *Desmilleville* cite trois lettres manuscrites de M. *Brisseau*, médecin des hôpitaux du roi à Tournai, qu'il possédait, ainsi que quelques autres manuscrits écrits dans l'intervalle de 1697 à 1700.

En 1698, M. *Doison*, médecin pensionnaire de la ville de Tournai, publia quelques lettres adressées à MM. de *Vauban* et de *Mégrigny*, dans lesquelles il parle, mais très-superficiellement, de la nature des eaux de Saint-Amand. *Bouquié*.

(4) Il y a un précis de ce mémoire dans le Mercure, 1743, septembre, page 1931 à 1941.

(5) M. *Gosse* cite aussi des manuscrits de M. *Wagrais*, médecin des hôpitaux du roi à Valenciennes; de MM. de *Flavignies*, *Dumortier*, *Deslances* et des autres médecins de Saint-Amand; des observations manuscrites de M. *Delvigne*, médecin de l'hôpital militaire de Lille, présentées en 1739 à M. de *Lagranville*, intendant de Flandre, accompagnées de réflexions sur les eaux minérales de Saint-Amand mariées avec le lait.

[marginal notes: Brisseau. Doison. Wagrais. Flavignies. Dumortier. Deslances. Delvigne.]

Bouquié.

11°. Essai physique sur les eaux de St.-Amand, etc., par Pierre-Paul *Bouquié*, ancien chirurgien aide-major des armées du roi, et chirurgien en chef de l'hôpital militaire de Saint-Amand. *Lille*, 1750, de l'imprimerie de P. S. Lalau, in-8°., 283 pages.

Desmille-
ville.

12°. Essai historique et analytique des eaux et boues de St.-Amand, etc., par le S. *Desmilleville*, médecin des hôpitaux du roi à Lille en Flandre, et intendant de ces eaux. *Valenciennes*, chez la veuve J. B. G. Henry, imprimeur du roi, 1767, in-8°., 128 pages.

13°. Journal des guérisons opérées par l'usage des eaux et boues minérales de Saint-Amand en Flandre, pendant les années 1767, 1768, 1769, 1770 et 1771, recueillies par le même sieur *Desmilleville*. *Valenciennes*, même imprimerie, 1772, in-8°, 211 pages.

Trécourt.

14°. Apologie des eaux minérales de St.-Amand, par M. *Trécourt*, (6) docteur en médecine, etc., pensionné du roi à Cambrai. *Cambrai*, Samuel Berthoud, 1775, in-12, 87 pages.

Si l'on excepte quelques pages des ouvrages de MM. *Pithois*, *Mignot* et *Brassart*, relatant l'historique des travaux faits, il y a un siècle, aux bains de Saint-Amand, le mémoire de M. *Morand* et l'essai de M. *Desmilleville*, tout le reste des écrits que j'ai cités, est donné à des descriptions chimiques suran-

---

(6) L'ouvrage de M. *Trécourt* a pour but la réfutation d'un article défavorable aux bains de Saint-Amand, qui se trouve dans un ouvrage imprimé depuis peu, ayant pour titre : *Instruction sur l'usage des eaux minérales.*

nées, ou à des nomenclatures de maladies guéries ou prétendues guéries par la vertu des eaux de Saint-Amand. Nulle part on ne trouve la description complette de l'établissement.

Il était réservé à M. *Dieudonné*, préfet du dépar- Dieudonné. tement du Nord, de concevoir et réaliser le plan de cette description dans la *Statistique générale du département du Nord*, (7) qu'il vient de rédiger par ordre du Gouvernement. Cette description forme, dans l'ouvrage, le paragraphe onzième du chapitre second, intitulé *règne minéral*. Il est aisé de s'appercevoir, en la lisant, que l'auteur a eu sous les yeux en travaillant, les principaux des ouvrages ci-dessus cités, et qu'il s'est surtout appuyé du témoignage et des propres expressions des contemporains, à l'égard de ceux des faits qui lui ont paru les plus surprenans.

M. *Dieudonné* m'a permis d'extraire de son grand ouvrage, l'histoire de la découverte des *eaux et boues thermales et minérales de Saint-Amand*, telle qu'on va la lire dans le paragraphe suivant. Pour ne rien toucher au texte, j'ajouterai dans des notes les citations et les faits qui me paraîtront donner des développemens ou des preuves.

---

(7) Cet ouvrage, en trois volumes, se trouve à Lille, chez *Marlier*, imprimeur de la Préfecture.

Histoire de la découverte des Eaux et Boues Thermales et Minérales de St.-Amand.

« A environ deux kilomètres et à l'est de la ville de Saint-Amand, à l'extrémité du hameau dit *La Croisette*, se trouvent les eaux et boues minérales de Saint - Amand. Elles sont situées au milieu d'une prairie marécageuse, environnée presque de toute part d'une forêt considérable qui porte le nom de la ville.

« On ne peut point fixer l'époque précise à l'origine de leur célébrité. Des circonstances qui seront rapportées plus bas, établissent, avec assez de vraisemblance, qu'elles furent fréquentées par les Romains, qui ont occupé le pays pendant près de cinq siècles, et avaient placé le chef-lieu de leur colonie à Tournai, selon les uns, et à Bavai, selon les autres, villes distantes l'une et l'autre de quelques myriamètres des sources.

« Un voile épais en couvre l'existence dans le moyen âge ; il paraît cependant que long-temps avant 1648, elles jouissaient d'une grande réputation pour la guérison de la gravelle, puisqu'à cette époque, l'archiduc *Léopold*, gouverneur des Pays-Bas, y fut amené par son médecin, après la bataille de Lens, pour être guéri d'une colique néphrétique causée par le gravier des reins : et il le fut en effet par l'usage intérieur de ces eaux.

« On n'y connaissait encore alors qu'une seule *Fontaine Bouillon.* fontaine qu'on appelait *le Bouillon.* On présume que ce nom lui vient de ce qu'en fixant les eaux du bord du réservoir, on n'est pas une minute sans voir des bouillons partir de dessous le sable qu'ils semblent percer, s'élever à une certaine hauteur en petits tourbillons, et venir former, à la superficie, des grosses bulles qui se dissipent en faisant un petit bruit (8).

« L'archiduc n'avait trouvé, pour tout établisse- *Etablisse-* *menten 164.* ment près de cette fontaine, qu'une ferme voisine qui en portait le nom. Ceux qui l'occupaient de père en fils, semblaient être les seuls gardiens et dépositaires de ces eaux, où ils voyaient, chaque année , au rapport des historiens contemporains,

---

(8) « On y découvre encore un autre spectacle, continue » M. *Morand* ; en regardant les eaux dans quelques endroits où » elles soient éclairées par un beau jour et dans un tems serein, » on voit à la surface des espèces d'étincelles que l'on prendrait » pour des paillettes d'or, et qui sont sans cesse dans un mouve- » ment très-vif. » *Page* 5.

MM. *Gosse* et *Bouquié*, en 1750, parlent, de même, d'espèces d'étincelles brillantes qui sont dans un perpétuel mouvement, et que l'on apperçoit en tout tems sur la surface de la fontaine *Bouillon.*

différens graveleux de la contrée venir puiser leur soulagement et leur guérison. (9)

« Malheureusement la source était souvent surmontée par des eaux étrangères et bourbeuses des environs ; elle-même charriait, comme elle le fait encore, avec ses bouillons, des bois pourris, du charbon et d'autres matières étrangères. (10)

---

(9) La ferme appartenait à l'abbaye de Saint-Amand. *Brassart* rapporte tenir de l'ancien occupeur, âgé de 80 ans, que le père de celui-ci, mort plus âgé que lui, lui a dit plusieurs fois « avoir » vu plusieurs personnes de caractère distingué et gens de la campagne, venir boire les eaux qui les guérissaient de leurs maux, » et que l'archiduc *Léopold*, gouverneur des Pays-Bas, en avait » été guéri d'une rétention d'urine. »

Pithois, qui écrivait en 1701, enchérit encore sur *Brassart*, puisqu'il dit que, lorsqu'il a voulu connaître la vertu de ces eaux, il a eu recours aux anciens des environs, et en a trouvé d'âgés de près de 80 ans, entr'autres un paysan qui lui a juré avoir travaillé aux bains que fit faire l'archiduc *Léopold*, conjointement avec l'abbé de Saint-Amand de ce tems-là ; que ces bonnes gens lui ont assuré qu'ils avaient appris de leurs grands pères, que ce n'est que depuis environ 150 ans que les médecins sont connus dans ces quaitiers, et qu'avant ce tems, d'abord qu'un paysan se trouvait attaqué de quelque incommodité que ce soit, il n'avait point d'autre recours qu'aux eaux, qui ne manquaient point de la guérir, jusqu'à celle que produit l'excès de la boisson. Que lorsqu'elles ne passaient pas parfaitement, ou qu'il faisait un air froid, ils avaient soin de se tenir le plus chaudement qu'ils pouvaient, et quelquefois prenaient un petit doigt d'eau-de-vie par-dessus. *Page* 42.

(10) M. *Mignot* ajoute que les eaux ont poussé des portions des métaux et minéraux qu'elles ont traversés. *Page* 21.

« Le prince, par reconnaissance, engagea l'abbé de Saint-Amand (*Dubois*) à y faire les réparations propres à en éloigner ces inconvéniens. La pre-mière vue fut de donner à ces eaux, à la sortie de leur source, la pureté dont elles étaient suscepti-bles. Afin d'y parvenir plus sûrement, on s'avisa de bâtir un coffre de maçonnerie en rond sur un cercle de bois, suspendu en l'air par quatre cables. Après que cette maçonnerie fut séchée et raffermie, on la descendit perpendiculairement dans le bassin, au fond duquel on avait placé transversalement une grosse poutre de trente pieds de long, qui devait lui servir d'appui.

« Mais ce coffre de maçonnerie rencontrant, lors-qu'on le lâcha, un fonds moins solide d'un côté, se renversa et forma sur l'embouchure de la source, une sorte de voûte dont le diamètre paraît avoir 2 mètres 6 décimètres (8 pieds.) Les eaux se trou-vant alors comprimées et arrêtées à leur sortie, se firent jour à dix pas du côté de l'est de l'ancienne source, et formèrent une nouvelle fontaine.

« Les travaux commencés ne furent pas alors ache-vés : la guerre vint les interrompre. Saint-Amand, par sa position sur l'ancienne extrême frontière, était un poste souvent disputé par les armées; c'est ce qui en écarta les buveurs et les ouvriers; et ce ne fut qu'en 1682, (11) qu'*Héroguelle*, médecin d'Arras

(11) Il paraît que les eaux de Saint-Amand avaient encore une fois été perdues de vue, et que, comme le dit M. *Desmilleville*,

établi à Tournai, homme zélé et assez instruit de la chimie de son temps, tira ces eaux de l'espèce d'oubli où elles étaient tombées, en les prônant contre beaucoup de maladies et répandant au loin leur réputation par un traité sur leurs vertus, qu'il intitula : *la vraie anatomie des eaux minérales de St.-Amand.* Héroguelle s'était attaché particulièrement aux eaux de la nouvelle fontaine, dont il s'attribua la découverte, et à qui il donna le nom de *grand Bouillon*, que nous lui verrons changer en celui du *pavillon ruiné.*

« Peu après, Mʳ. *Brisseau*, médecin du roi à Tournai, nommé depuis intendant des eaux minérales de Saint-Amand, homme savant et respecté de ses confrères, y séjourna deux mois par ordre de la cour. Témoin de leurs bons effets dans un grand nombre de maladies, il leur donna, par sa réputation et la confiance qu'il crut devoir leur accorder, la célébrité qu'elles ont conservée depuis.

« La province ne tarda pas à retentir du bruit des

---

la *négligence les avait jettées de nouveau dans l'oubli*, puis qu'*Héroguelle* s'occupant à Tournai *à anatomiser la fontaine minérale des vénérables dames du Saulzoir*, nous dit n'avoir appris que par hazard, d'un marchand dont il traitait l'épouse, « qu'il y avait une merveilleuse fontaine chaude, profonde comme » un abîme, éloignée d'une heure ou environ de Saint-Amand, » qui sentait le soufre ou la poudre à canon avec tant de » force, que les chevaux se rebutaient lorsqu'ils passaient proche » de ce lieu. » *Page 8.*

cures opérées par ces eaux. La gravelle surtout, dont, au rapport de *Desmilleville*, les Flamands étaient autrefois très-incommodés, y trouvait toujours du soulagement, souvent même la guérison. Ce fut alors que les villes voisines se cotisèrent pour faire faire les réparations nécessaires à ces sources. Cependant, la guerre étant encore survenue, ce ne fut qu'en 1697 que les travaux projetés commencèrent à recevoir leur exécution, par les soins du maréchal de *Boufflers*, alors gouverneur de la Flandre française, sous la direction du maréchal de *Vauban*. (12) On regrette de ne pas voir le nom de ce dernier à côté de celui du gouverneur, sur l'inscription française de la façade du pavillon des fontaines, qui conserve la mémoire de cette restauration.

Seconde époque des travaux faits à l'établissement.

« Le but principal des travaux était d'entourer, à une certaine distance, par une bonne maçonnerie, le bassin de la fontaine, pour en écarter les eaux étrangères qui s'y mêlaient dans une proportion que M^r. de *Megrigny* avait évaluée au cinquième. Cette opération devait leur rendre tout leur calorique et toute leur pureté. (13)

---

(12) Ce fut à la première fontaine que ces travaux eurent lieu ; M. de *Megregny*, lieutenant-général, en fut chargé.

(13) *Brassart*, page 4, ajoute que, dans l'intention de séparer les eaux froides, et pour pouvoir puiser les eaux chaudes à leur source, on a aussi piloté autour de la source écartée de l'ancienne fontaine sous le pavillon ; mais ce but ne fut pas atteint : c'est

« On en confia l'exécution à des mineurs du roi,
ouvriers habiles. Ceux - ci rencontrèrent des difficultés extrêmes, et ce ne fut qu'avec beaucoup de
peine, qu'ils parvinrent à établir la maçonnerie qui
devait environner la fontaine. Au fur et à mesure que
cette maçonnerie changeait les courans d'eau, et
qu'elle s'opposait au développement du gaz hydrogène sulfuré, ces fluides, par un effet résultant de
leur pression, de leur concentration, jettaient au
loin avec fracas leurs entraves, ainsi qu'une grande
quantité de sable; souvent ils renversaient en un
instant l'ouvrage de la journée.

« Selon *Brassart*, auteur contemporain, *un jour
que l'on était le plus empêché à travailler entre 11
et 12 heures, la fontaine s'est tourmentée avec
tant de violence qu'elle a jetté, en forme de torrent,
plus de 16 charretées de sable qui ont formé sur
cette source un glacis. Au bout d'une heure, ce
torrent s'appaisa et l'on marcha avec confiance sur
cet abîme. (Mignot* confirme ce fait, *page 8*, ainsi
que *Brisseau* dans une de ses lettres, où il dit avoir
été témoin oculaire de ces agitations extraordinaires).

« Pendant les travaux dont il est question, l'ancien
coffre de maçonnerie posé en 1649, qui, en s'ap-
puyant sur un seul point de la poutre, avait formé une

---

dans ce pilotage surtout que les ouvriers rencontrèrent les plus
grandes difficultés. On avait cru aussi qu'en chargeant les terres
voisines de la fontaine muraillée, on obligerait les sources à se rendre
dans le centre de ce puits carré, comme dans l'endroit le plus
foible: mais cela n'a pas réussi.

espèce de voûte, se trouvant dégagé par le remuement des terres, s'abîma tout à coup et tomba sur
l'extrémité opposée de cette poutre. L'effet fut un
brusque mouvement de bascule qui fit lever l'autre
extrémité et donna un très-grand jour à la source.
On vit alors, avec étonnement, paraître dans le fond
du bassin, quantité de pièces de bois et de statues
presque colossales, la plupart si défigurées par suite
de leur long séjour dans l'eau, qu'il était impossible
d'en reconnaître les traits. On en distingua, cependant, qui étaient armées de casques et de lances ;
d'autres avaient les cheveux négligés et un manteau
traînant ; l'une tenait en main un grand anneau,
et un enfant près d'elle portait un écusson uni
à la Romaine. *Brassart*, *Mignot* et *Brisseau*, qui
citent ces faits comme témoins oculaires, ajoutent
que l'on tira de la fontaine plus de 200 de ces statues,
dont la hauteur était de 12 à 13 pieds, et qu'elles y
étaient proprement rangées par différens lits entremêlés de planches ; ils assurent aussi qu'on y a trouvé, ainsi que dans les boues et les terres remuées,
des médailles des empereurs Romains, *Jules-César*,
Auguste, *Vespasien*, *Trajan*, *Néron*; de plus, un
pavé au pied de la fontaine, qui conduisait vers le
midi au bois qui l'environne, ayant des fondemens
en forme de petites loges, dont la maçonnerie résistait
à l'effort des pioches, (14)

*Antiqui-
tés trouvées
dans la fon-
taine.*

---

(14) *Pithois*, dans sa lettre dédicatoire à M. de *Boufflers*,
fonde l'ancienneté des bains de Saint-Amand, « sur les particu-

« Il est bien étonnant que l'on n'ait conservé dans
le pays aucun de ces monumens ; les recherches que
j'ai faites à cet égard ont été infructueuses ; proba-
blement que l'abbaye de Saint-Amand en avait
recueilli quelques-uns qui auront subi le sort de ses
beaux bâtimens et de sa superbe basilique , et que les
autres statues entièrement défigurées et méconnaissa-
bles, n'auront pas paru dignes d'être conservées.

» larités qu'on a trouvées dans le remuement des terres : jusqu'aux
» tuiles qui couvraient une très-grande quantité de bâtimens, dont
» les fondations ont été trouvées dans le circuit entre la fontaine
» et le bois, la très-grande quantité de médailles, et les deux
» chaussées qu'on découvre encore tous les jours (1700), nous
» font assez connaître que la source a été cultivée par les Romains. »
    « Il ajoute qu'il n'est pas étonnant que tout ait été détruit et
» aboli, que la fontaine soit demeurée gâtée et dans l'oubli,
» puisque cet endroit a toujours été le théâtre de la guerre,
» l'établissement ayant été souvent pillé, brûlé, démoli et saccagé
» aussi bien que Saint-Amand. Il cite à l'appui la longue guerre
» produite par la contestation survenue entre les ducs de Brabant
» et les comtes du Hainaut, qui, les uns et les autres, prétendaient
» à la propriété de la terre où était située la fontaine : ce qui fait
» que depuis ce temps-là on l'a appelée la terre contentieuse ou
» contestée.
    Le même auteur, dans le cours de son ouvrage, avance, je ne
sais sur quelle autorité, qu'autrefois il y avait une église placée
auprès de l'endroit où sont aujourd'hui les bains de boues ; que
cette église formant la prévôté du *bouillon*, était desservie par
quatre religieux ; que l'édifice a été ruiné en 848 par les Normands,
qui tuèrent les religieux de l'abbaye de Saint-Amand et les quatre
qui résidaient à la prévôté ; qu'aucun mémoire ne marque que

Quoiqu'il en soit, la *contemporanéité* des auteurs cités, dont l'un a été pendant 24 ans médecin des eaux de Saint-Amand, et la tradition orale du pays, me paraissent établir avec assez d'authenticité les preuves de la fréquentation de ces sources par les Romains, (15) surtout si on les rapproche du témoignage de M^r. *Morand*. (16) Dans un mémoire lu à l'académie des sciences en 1743, ce savant cite parmi

---

l'on ait rebati cette église dont on a découvert la fondation formée de très-grosses pierres bien maçonnées.

Faisant plus loin allusion aux eaux minérales près desquelles cette église était située, et qu'il compare au Jourdain, il ajoute qu'elle était dédiée au baptême du Sauveur du monde, et avait Saint Jean-Baptiste pour patron ; qu'on y possédait deux dents de ce Saint, lesquelles ont été depuis transférées à l'abbaye, où elles étaient encore du tems que cet auteur écrivait.

(15) *Brassart* rapporte dans son ouvrage, *page* 11, que M. de *Santrailles*, commandant autrefois pour le roi à Saint-Omer, lui avait dit ne s'être déterminé à venir prendre les eaux à St.-Amand, que parce qu'il avait lu dans un vieux livre Gaulois, qui traitait de l'histoire des Romains, qu'il y avait une fontaine minérale située dans un bois voisin de Tournai, qu'il avait supposée être celle de Saint-Amand. Il est fâcheux que l'on ne cite pas le titre de ce livre.

On sait que les Romains ont règné près de 300 ans dans les Gaules; qu'à Tournai était établie une de leurs colonies; que cette ville a été la résidence de plusieurs de leurs empereurs et le théâtre malheureux de leurs fureurs.

(16) En 1742, M. *Morand* avait fait un voyage en Flandre avec la maison du roi; là, il avait eu occasion de faire quelques remarques sur les eaux de Saint-Amand.

les morceaux d'antiquité (17) qui se sont présentés en
grand nombre dans le voisinage de la principale fontaine de Saint-Amand, lorsqu'on a fouillé la terre,
*des médailles des empereurs Vespasien et Trajan,
un petit autel de bronze avec les principaux traits
de l'histoire de Remus et Romulus en relief*, dont
il dit avoir fait l'acquisition, une petite statue de
Pan, plusieurs de *Cupidon* et quantité de fragmens
de vases antiques faits d'une terre bolaire fine, rou-
geâtre, telle que celle de Buckaros, qui portent la
plupart le nom des ouvriers qui ont fait ces vases,
et à leurs bords des ornemens en relief, qu'il croit
n'être autre chose que la marque de l'ouvrier. Un de
ceux que M. *Morand* a rapportés de Saint-Amand,
a, dit-il, des ornemens pareils à ceux d'un vase de

---

(17) *Brassart* raconte encore que, « l'abbé *Dubois* faisait fouiller
» dans les entrailles de la terre de la colline de haute rive, où St.-
» Amand avait établi son premier oratoire, après avoir brisé et
» ruiné l'idole de Mercure adoré des Romains, trouva sous cette
» hauteur antique les sépultures des Romains, ossemens brûlés,
» cendres, cruches, fioles, bouteilles, plats de terre, miroirs d'acier
» poli, figures de coqs, médailles de *Domitien*, *Vespasien*,
» *Néron* et de tous les empereurs qui ont régné et résidé à Tournai »
En 1784 fut reconstruite l'église paroissiale de St-Amand ;
l'emplacement de l'ancienne sur laquelle on a fondé la nouvelle,
était une éminence ou butte, qui servait en même temps de cime-
tière. Dans les enlèvemens de terre qui furent faits pour diminuer
de 3 à 4 mètres la hauteur de cette butte, on découvrit des
sépultures en pierres et dedans ces sépultures des urnes remplies
de cendres, des fioles lacrimatoires, des lampes sépulchrales qui
appartenaient incontestablement à l'époque romaine.

Buckaros antique que l'on voit au cabinet de Sainte-Geneviève à Paris. (18)

« Pour expliquer le phénomène de l'apparition subite de cette quantité incroyable de statues, de morceaux de bois, il faut avoir une idée précise de la situation physique de la fontaine *bouillon*. Je copierai encore les auteurs cités.

« Le bassin ou réservoir a environ 1 mètre 950 ou 6 pieds de profondeur, depuis la superficie de l'eau jusqu'au sable, qui forme un glacis plus élevé vers les bords. Ce sable, d'un grain très-fin et d'une couleur d'ardoise lorsqu'on le tire de l'eau, et mélangé de grains noirs et blancs lorsqu'il est sec, paraît être apporté du fond et forme un banc mouvant, disposé en voûte, qui présente à sa surface les apparences d'une ébullition continuelle. Ce banc, qui a à-peu-près 2 mètres (6 à 7 pieds) d'épaisseur, recouvre une espèce de cavité ou de gouffre d'environ 5 mètres 5 décimètres (16 à 17 pieds) de profondeur, dont le fond est un gravier. (19)

Description du bassin de la fontaine Bouillon.

---

(18) « Plusieurs de ces vases, dit encore M. *Morand*, portaient » dans leur milieu, inscrits dans un petit carré long, les noms de » *Celius* et *Cestius*, marques de l'ouvrier.

(19) *Mignot* dit que quelquefois on entend des bruits impétueux dans les caves de ces eaux; lesquels bruits approchent fort de ceux qui précèdent le mascaret de la Garonne et les ouragans qui arrivent à la mer. page II.

Brassard dit qu'en certains tems, cette fontaine faisait des bruits qui semblaient ébranler la ferme même et les environs, jettant

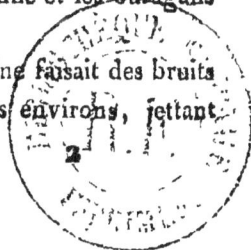

2

« **M.** *Morand* dit y avoir plongé une perche fort grosse et chargée de plomb à son extrémité supérieure, et que lorsqu'il cessait de la tenir ferme, cette perche était renvoyée avec une vitesse extrême. (20) *C'est dans cette caverne, ajoute-t-il, qu'il se fait quelquefois des effervescences extraordinaires : alors l'eau est agitée, le glacis dérangé, le sable culbuté, et celui qui vient du fond amène avec lui des matières étrangères parmi lesquelles il s'est trouvé, plusieurs fois, des morceaux pétrifiés (dont il a rapporté un qui semble être fait de deux écorces appliquées l'une contre l'autre et qui portent quelques grains métalliques. (21)*

---

des pierres, des bois, boues, charbons et autres matières qu'il a vues lui-même plusieurs fois.

Il ajoute que le fond de ce gouffre, dont on ignore la longueur et la largeur, est une terre solide qui ne change pas comme le premier lit de sable. page 4.

(20) M. *Bouquié* va plus loin : il assure, *page 23*, qu'une perche de 30 pieds trouve quelques obstacles à une certaine profondeur ; que ces obstacles disparaissent vite ; que bientôt la perche devient trop courte ; que la puissance qui du sein de cette fontaine tend à la repousser, l'entraîne de l'autre côté du réservoir, ou l'élève subitement si on cesse de la tenir ; que M. de *Vauban* y ayant fait jetter une poutre par une de ses extrémités, celle-ci remonta avec autant de force qu'elle était descendue.

(21) *Mignot*, dans son ouvrage déjà cité, entre dans de plus grands détails encore sur les corps étrangers qui se trouvent dans ces sources. Je vais le copier :

Page 10 : « on trouve dans les bois qui sortent de ces caves » d'eau, certaines pétrifications qui ont d'abord fait peur à plu-

« Il est bon d'observer que la seconde source (celle du *grand bouillon*, dite aujourd'hui du *pavillon ruiné*), est sujette aux mêmes révolutions que la première : ce qui indique qu'elle est sur le même

---

» sieurs praticiens de ma connaissance, qui craignaient que ces eaux
» ne fussent imprégnées de quelque acide lapidifique capable de
» produire quelque chose de semblable dans le corps des buveurs :
» elles font cependant des effets bien contraires ; car je doute qu'il
» y en ait au monde de meilleures pour l'expulsion des sables et
» calculs, comme on en est déjà convaincu par plusieurs expé-
» riences. »

Il est maintenant reconnu bien que le phénomène de la pétrification du bois est dû à ce que les molécules pierreuses tenues en suspension dans les eaux se substituent à la substance végétale, à mesure que celle-ci se décompose, et parce que le remplacement se fait successivement et comme de molécule à molécule, les parties pierreuses, en s'arrangeant dans les places restées vides par la retraite des parties ligneuses, et en se moulant dans les mêmes cavités, prennent l'empreinte de l'organisation végétale, et en copient exactement les traits.

Mignot continue : « j'ai remarqué que ce n'est que dans le
» bouleau qu'on a trouvé ces pétrifications : on sait que ce bois
» a les fibres plus ouvertes et moins rapprochées que les autres,
» qu'il est plus aisé à scier et à fendre, et que l'eau l'a plutôt pénétré.
» Celui qui sort de cette fontaine s'émie comme une croûte de pain
» trempée ; c'est presque toujours entre la moëlle et les fibres
» ligneuses, ou entre celles-ci et l'écorce qu'on trouve ces concré-
» tions ; au milieu de quelques-unes, j'ai trouvé certaines venules
» vertes, fort approchantes en couleur du sel de mars ; elles sont
» toutes insipides et sans odeur.

» Je ne m'en suis pas tenu non plus au seul examen des eaux en
» elles-mêmes, dit le même auteur, *page 17*, mes recherches ont
» été plus loin, et me trouvant sur les lieux dans le tems des grands

gouffre. On prétend cependant qu'en la sondant, on n'a pu encore, après avoir traversé le banc de sable mouvant, rencontrer l'autre fond. *Desmilleville*, page 27.

« Il n'est donc pas étonnant qu'on ait pu tirer une si grand quantité de corps étrangers de cette vaste cavité. Mais d'où proviennent ces statues et quelle était leur destination primitive?

Conjectures sur les antiquités trouvées aux bains de St.-Amand. « Plusieurs auteurs, et M. *Morand* après eux, prétendent que les phénomènes cités peuvent faire supposer l'existence d'un fond caverneux, où aurait existé un

---

» remuemens et quand on vuidait le grand bassin auquel on travaille
» encore, je me suis attaché à fouiller dans les tas de boues qu'on
» en tirait, et qui sortaient des caves d'eau : j'ai trouvé des mor-
» ceaux d'un certain minéral obscur, presque tout salin, et qui se
» dissout aisément dans l'eau, qui a le goût du vitriol. J'en ai fait
» voir aux travailleurs, que j'ai engagés, par quelque récompense,
» à me chercher quelque chose de semblable et ils m'en ont fourni
» ensuite suffisamment.

» Parmi ce qu'ils m'ont donné, j'ai trouvé des pièces de mine de
» fer imparfaites, d'autres plus élaborées, et d'autres parfaites; ces
» dernières ayant pour la plupart à leur superficie une croûte assez
» épaisse pareille à la rouille de fer, et plus dissoluble que celle des
» mines des autres climats; ces pièces étaient presque toutes percées;
» soit que l'eau s'y soit conservé un passage libre dès leur forma-
» tion, soit qu'elle l'ait ouvert depuis, la superficie interne ou
» concave était rouillée comme l'externe. Les travailleurs m'ont
» encore donné certains morceaux de terre saline qui sentent la
» poudre à canon.

» En cassant quelques portions de marcassites ferrugineuses, j'ai
» trouvé dans leurs interstices, de véritables fleurs de soufre très-

temple, des ruines duquel se sont échappées les statues dont il a été parlé. Mais, comment supposer l'existence d'un temple souterrain dans un lieu où le niveau d'eau est si élevé ? D'autres disent que ce sont des images de saints qui ont été cachées dans ce bassin par les sectateurs du culte catholique, pour les soustraire à la fureur des Iconoclastes. Mais l'extérieur des statues n'annonçait point les attributs des saints des chrétiens, qui, d'ailleurs, ne paraissent pas avoir été dans l'usage d'en placer de si grands dans leurs temples.

» minces en sillon ; j'ai tiré de ces marcassites et des terres, un sel » un peu acre, mais qui n'a rien de différent par les épreuves qu'on » en peut faire, de celui des eaux.

» J'ai examiné une certaine terre un peu grasse qui se ramassait » autour d'une poutre qu'on avait mise exprès sur la source pour » la commodité des buveurs ; elle était brune, beaucoup plus subtile » que la terre simoulée : on y distinguait, en la dissolvant, de » petites écailles ou scories de fer. Quand je l'ai poussée fortement » au feu, dans des creusets d'Allemagne, elle a rougi comme celle » des minières à fer ; j'y ai trouvé des grumeaux de fer, obscurs et » aussi friables que ceux qui tombent dans l'eau, quand on fait » fondre l'acier avec le soufre.

» Le sel que j'ai tiré par incinération des bois sortis des caves, » était plus blanc, mais moins acre que celui des marcassites et des » terres : quand on tient ce sel dans un lieu chaud, il sent le soufre ; » mais rien ne le sent tant que ces mêmes bois quand on les brûle : » mille gens en sont convaincus. »

M. *Gosse* parle d'une marcassite trouvée dans les environs des eaux qui est une vraie pyrite qui participe du soufre, du cuivre et d'un fer mal digéré. *Desmilleville*, page 46.

« Ne seraient-ce pas plutôt des statues payennes qui auraient été, à la naissance du christianisme, jetées dans ce gouffre, pour les soustraire à la torche des prédicateurs de la foi? Cette opinion, qui m'est suggérée par quelques-uns des auteurs qui ont écrit sur les eaux et boues minérales de Saint-Amand, me paraît d'autant plus admissible, que la source de ces eaux ayant, comme nous l'avons vu, été connue des Romains, il est vraisemblable qu'elle aura été embellie par eux; (22) on sait qu'ils rendaient une espèce de culte aux eaux, à celles surtout qui contribuaient à la santé. Les sources de St.-Amand étaient au milieu des forêts et environnées de hautes futaies; les lois de la perspective exigeaient que les ornemens fussent en accord avec l'aspect majestueux du lieu : de-là la taille colossale des statues. D'ailleurs, n'est-il pas raisonnable de trouver les vestiges d'une ancienne distribution de bâtimens destinés à des bains, dans les fondations, en petites loges, du chemin qui conduisait du pied de la source au midi? (23)

---

(22) « Personne n'ignore, dit M. *Morand*, que les bains étaient » des endroits où les Romains laissaient ordinairement des monu-» mens de leur domination et des marques de leur magnificence. » Page 2.

(23) Je vais hazarder mon opinion particulière sur la destination de ces petites loges trouvées sous le niveau du sol, près des sources de St.-Amand. On ne sait peut-être pas assez encore, que les Romains étaient dans l'usage de pratiquer, près de beaucoup de bains d'eaux minérales, des petites chambres ou cellules dans lesquelles

« Mais, revenons aux travaux tracés par *Vauban* :
il fallut, comme on l'a vu, vaincre beaucoup d'obstacles pour les achever. Ils ne rendirent cependant

---

ils provoquaient la sueur par le calorique. Ces salles de bains d'une
nouvelle sorte s'appelaient *Laconica*, parce que l'usage en avait été
emprunté des peuples de la Laconie. Elles étaient pratiquées ordinairement dans terre, et construites en partie de tuiles, tuyaux et
briques. M. *Schœflin* qui, le premier, a parlé avec clarté de ces
laconica et qui en a donné des dessins, tome I, page 538, de son
alsatia illustrata, décrit celui qui a été découvert à Bouxvillers
(département du Bas-Rhin), par des ouvriers qui creusaient les
fondations d'une maison. C'est, dit-il, un édifice carré dont les
murs ont 16 pieds de large, partagé en deux étages dont l'inférieur
contenait le feu destiné à échauffer celui du dessus. Il ajoute qu'il
y avait aussi des *laconica* disposés pour les bains à vapeurs ; que les
Romains n'en pratiquaient que dans les établissemens des eaux minérales qui étaient naturellement froides, ou dont la température
peu élevée demandait le secours du feu pour quelles fussent propres
à usage de bains. Selon lui, on n'en trouve point près des eaux thermales de l'Alsace supérieure ; (celles de Bains, Plombières, Luxeuil,
Bourbonne, que l'on sait être très-chaudes) ; mais bien dans
l'Alsace inférieure, à Bouxvillers, Deux-pont, dans les environs de
Trèves. Il est bien fâcheux que lorsque l'on a fait, aux boues de
St.-Amand, la découverte des restes de maçonnerie dont il s'agit,
ces ruines n'aient pas été observées avec soin ; on y aurait peut-
être reconnu de vrais *laconica*. La grande quantité de briques et de
tuiles qui a été trouvée, la forme et la distribution, en petites cellules,
de ces restes de maçonnerie, fondent assez mes conjectures ; peut-
être aussi, dans la partie inférieure, se trouvait-il des charbons, des
cendres ou autres traces de feu éteint ; alors mon opinion se fût trouvée
confirmée. Quoiqu'il en soit, je n'hésite pas de la donner comme
très-probable, sur les indications d'un savant dont l'érudition était
si vaste dans ces sortes de recherches.

pas à la première source, (la fontaine *bouillon*), l'activité qu'elle avait avant la chûte de la maçonnerie à l'italienne qu'on avait voulu autrefois y établir ; elle resta paresseuse, au point que le bassin qu'on lui avait construit, fut fourni pendant plusieurs années, des eaux que l'on y faisait passer de la source voisine (*le grand bouillon*). Cette circonstance fit songer, en 1716, à mettre à l'abri des matières étran-

Troisième époque des travaux faits aux bains. gères, les eaux de cette dernière. (24) On entreprit même de la couvrir d'un pavillon sur pilotis ; mais ce pavillon s'ébranla et se dérangea peu-à-peu, soit par suite de la mauvaise construction, soit par l'effet du mouvement du terrain, et finit par s'écrouler en 1727 : ce qui a fait appeler, depuis, cette source, la fontaine du *pavillon ruiné*.

Quatrième époque des travaux faits aux bains. « Heureusement que, dans l'intervalle, la fontaine *bouillon* avait repris sa première activité ; on y revint, et l'autre bassin fut tout à fait abandonné. Cependant, les travaux exécutés en 1698 n'étaient pas suffisans ; le bassin des eaux était toujours à découvert et exposé

Pavillon des deux fontaines. aux injures de l'air. En 1767, les deux *bouillons* furent enfin couverts aux frais de l'abbaye de Saint-Amand, du pavillon commun que l'on y voit aujourd'hui, sous lequel un bassin intermédiaire reçoit les eaux que les buveurs viennent y puiser à deux robinets qui servent à leur écoulement. L'année pré-

---

(24) *Bouquié* dit que, pour y parvenir, on diminua sa circonférence et nettoya son fond.

cédente, on avait augmenté les bâtimens des bains
à usage de particuliers, et ajouté un bâtiment pour
l'établissement de la chambre des douches, et deux
cabinets.

« Il paraît qu'avant 1714 on ne connaissait encore Fontaine
d'Arras ou
de Vérité.
que les deux fontaines *bouillon* et les boues. Dans le
cours de cette année, une troisième fontaine, non
loin des premières, à l'autre extrémité des boues,
fut mise en réputation par la guérison qu'y trouva
un évêque d'Arras, et c'est de lui qu'elle a pris le
nom de *fontaine d'Arras. Brassart* est le premier
qui en parle. On l'appelle aussi la *fontaine de vérité*,
parce qu'en faisant allusion à un des principaux effets
qu'on assure qu'elle a eu sur la personne du bon prélat, on prétend qu'elle est une pierre de touche pour
faire connaître si un corps, sain en apparence, n'est
point souillé d'un virus vénérien. Ce trait, au reste,
ne doit plus être cité que comme étymologique,
depuis qu'il est reconnu que ces eaux n'ont aucune
vertu pour guérir les maux vénériens.

« On assure que la source de la fontaine d'*Arras*
est à 5 mètres 85 décimètres (ou 3 toises) de profondeur sous terre, et qu'il y a au fond un sable de même
nature que celui des fontaines *bouillon*. (25) En effet,
il est bien probable que toutes ces fontaines, circons-

_____

(25) « Cette eau, dit **M.** *Morand*, sort dans l'endroit de la fou-
» taine à cinq toises de la source, à quatre pieds de son réservoir,
» et deux pieds et demi sous la surface de la terre. » Page 9.

crites dans un petit espace de terrain, ont pour source commune le réservoir immense qui a été découvert sous les fontaines *bouillon*, et sur lequel on verra que les boues elles-mêmes reposent.

« La fontaine d'*Arras* n'eut dans le principe, pour la garantir du mélange des eaux étrangères, qu'un simple tonneau qui lui servait de réservoir. On eut pourtant la précaution, dès le commencement, de la couvrir et de n'en laisser couler les eaux que par un robinet, comme cela se pratique encore aujourd'hui. (26)

Boues minérales. « Entre la fontaine d'*Arras* et les fontaines *bouillon*, distantes d'environ 48 mètres 73 décimètres (ou 25 toises), sont les boues minérales. Il paraît qu'on ne commença à en faire usage qu'en 1698. M. *Brisseau* est le premier qui en parle. La tradition

---

Prétendue source ferrugineuse. (26) M. *Morand*, dans le même mémoire, parle aussi d'une source ferrugineuse ; voici ce qu'il en dit : « entre l'ancien bassin » de la fontaine *bouillon* et le pavillon où elle est aujourd'hui, » est une source d'eau ferrugineuse qui a été découverte en 1720. » On a trouvé, en fouillant la terre autour, des marcassites ferru- » gineuses; aux bords de cette source, la terre présente à la » superficie, une poudre jaune très-fine, semblable à de l'ocre : » cette eau est froide et laisse, en la buvant, un goût de fer.

» On la voit assez souvent, le matin, couverte à sa surface d'une » pellicule couleur d'Iris : cette pellicule enlevée avec une carte, » y laisse, en se desséchant, une couleur d'or pâle qui se dissipe » peu à peu : » cette source est négligée, *page* 12.

On peut assurer aujourd'hui que M. *Morand* s'est trompé, et que la source ferrugineuse n'existe pas.

du pays (27) porte que les mineurs employés à travailler
à la fontaine *bouillon*, ayant été commandés pour
le siège d'Ath, en revinrent affligés d'ulcères en différentes parties du corps et surtout aux jambes. Ceux
qui reprirent les travaux au bassin des boues, y
trouvèrent leur guérison. Ces cures donnèrent lieu
à d'autres essais qui procurèrent l'établissement des
bains de boues, qui a toujours été en activité depuis.

« De même que les sources, le bassin qui retient
les boues resta très-long-tems à découvert. (28) Pour
empêcher le mélange des eaux de pluies qui ne pouvaient que diminuer la force des eaux minérales dans
lesquelles les boues sont délayées, on tâchait de tenir
toujours celles-ci ramassées vers le centre du bassin
qui était plus élevé que les bords; par ce moyen,
les eaux du ciel les pénétraient peu, étant conduites
par une pente aux bords du bassin, où elles trouvaient une rigole circulaire trouée d'espace en espace,

Pavillon
des boues.

---

(27) *Mignot* rapporte ce fait, *page* 51.

(28) *Pithois* écrit en 1701, que les eaux alors avaient pris le
dessus des boues qui étaient usées par les baigneurs, ceux-ci par
leur mouvement les délayant avec l'eau qui les emportait ensuite.
Les officiers, d'ailleurs, les emportaient de vive force comme d'un
endroit dont ils prétendaient être les maîtres; ce qui porta le
maréchal de *Boufflers* à défendre à toute personne d'en emporter
dorénavant, et à ordonner que les boues du bassin où l'on boit ser-
viraient à remplir les bains de boues. Lorsqu'auparavant les boues
dominaient par-dessus les eaux, on y était plus chaudement. Page 50.
En 1714, une grande quantité d'eau élémentaire flottait encore
sur les boues, au rapport de *Brassart*.

pour les laisser échapper vers un puisard où elles
allaient se perdre.

« Des châssis de bois carrés formaient , comme aujourd'hui, sur les boues et à leur niveau, des loges
séparées où les malades se tenaient comme ils pouvaient. Quelques-unes de ces loges étaient couvertes
par des toiles ; mais cette dernière précaution même
n'empêchait pas les baigneurs, obligés d'ailleurs d'at-
tendre les grandes chaleurs pour prendre les bains
de boues, d'y être exposés aux injures de l'air, à
l'ardeur des rayons du soleil et aux regards des curieux, lorsqu'il s'agissait de sortir des boues pour
aller au lavoir. D'ailleurs, il n'y avait que quatre
lavoirs ; et comment supposer qu'ils pussent suffire
à 30 ou 40 personnes, lorsqu'un orage les forçait de
quitter à la fois les bains?

« Pour parer à ces inconvéniens , procurer aux
boues un usage décent et en tirer tout le parti possible en leur conservant leur calorique , on les cou-
vrit, en 1765, (29) d'un bâtiment en forme de serre
hollandaise, composé de grand vitraux , long de 27
mètres 28,646, large de 12 mètres 34,391 , et haut de
9 mètres 7452, exposé à l'est, au midi et à l'ouest. (30)

---

(29) Il y avait plus de 40 ans que les intendans de la province
avaient eu le projet de couvrir les boues, sans en trouver les
moyens.

(30) Depuis l'ouragan du 18 brumaire, qui a brisé tous les vitraux,
le défaut de fonds n'a permis d'en conserver qu'au midi ; le reste
est couvert en ardoises.

On régularisa la distribution des cases en bois destinées à recevoir les malades, et une grande cloison
établit une séparation entre les militaires et les autres
baigneurs. Ce bâtiment et cette distribution existent
encore aujourd'hui. Des petits canaux de décharge,
pratiqués à chaque loge et dans le contour du bâtiment, reconduisent les eaux superflues qui arrivent
du fond à la superficie des boues, et détournent
celles qui venaient des terres voisines se déposer dans
le bassin.

Nature des Eaux et Boues de St.-Amand.

Presque tous les auteurs qui ont écrit sur les eaux et boues de St.-Amand, en ont publié des analyses faites par eux. On doit citer, comme les meilleures, celles faites en 1767 par le médecin *Desmilleville* et le pharmacien *Decroix*, de Lille ; celle faite en l'an 9 par le médecin *Armet*, inspecteur actuel de l'établissement. On assure qu'à l'occasion de l'arrivée de S. A. I. le prince Louis, aux eaux et boues, le célèbre M. *Deyeux* vient, tout récemment, de s'occuper de la même analyse. A ma prière elle vient aussi d'être faite avec le plus grand soin, à Lille, par M. *Drapiez*, pharmacien, membre du jury médical du département du Nord. On connaît le succès qu'obtient ce chimiste modeste dans ces sortes d'opérations auxquelles il se livre avec un goût particulier : je me fais un devoir d'en consigner ici les détails tels que je les tiens signés de lui. (31)

L'eau analysée est celle de la source dite *fontaine Bouillon.*

« Cette eau, lorsqu'elle est récemment puisée, exhale une odeur sensible d'œufs pourris, qu'elle perd

---

(31) Il vient de publier le tableau analytique des minéraux. (An 13.) C'est ce que nous avons encore de mieux en ce genre.

bientôt par l'exposition à l'air, ou par le simple repos ; elle a une saveur légèrement amère ; elle rougit très-faiblement la teinture de violettes. Sa pesanteur spécifique est de 1,01000 environ ; celle de l'eau distillée étant, à la même température, de 1,00000. Exposée à l'action de la pompe pneumatique, il s'en dégage une grande quantité de bulles d'air ; essayée par les réactifs, elle donne des précipités blancs avec l'eau de chaux, le muriate de baryte, le nitrate d'argent, l'ammoniaque et l'acide oxalique.

« Elle est thermale ainsi que les boues. Leur chaleur marque un peu plus de 20 degrés au thermomètre de Réaumur. (32)

« La nature de l'eau minérale étant à-peu-près connue, on a procédé à son analyse de la manière suivante : on en a soumis à un degré de chaleur, un peu

Procédés analytiques.

_____

(32) *Mignot*, pag. 26, ne fait pas difficulté d'avancer que, si nous pouvions pénétrer jusqu'à la source des eaux des deux Bouillons, ou à certaine distance du foyer de leur fermentation, on les aurait peut-être aussi chaudes que celles d'Aix, Vichy, etc. Mais, continue t-il, elles doivent perdre de leur chaleur à force d'en communiquer aux eaux étrangères qu'elles rencontrent, ou dans leurs canaux ou dans leurs caves spacieuses ; il y a même apparence qu'elles ont été plus chaudes autrefois avant qu'on y jettat cette prodigieuse quantité de choses qui en sont sorties : ce qui a sans doute donné lieu aux eaux de s'élargir, de creuser et former ces caves, et dans la suite de se faire jour par un deuxième bassin.

moindre que celui de l'eau bouillante, 4 kilogrammes; il y a eu un dégagement de gaz d'environ 17 pouces cubiques, que l'on a recueillis sous une cloche. Un courant de gaz acide muriatique oxigéné a été dirigé sous la cloche, dans l'intention de décomposer le gaz hydrogène sulfuré et de précipiter le soufre; mais ce dernier gaz ne se trouvant pas, sans doute, en quantité suffisante, il n'y a eu aucune production de soufre.

« On a réitéré l'opération, et ayant obtenu la même quantité de gaz, on l'a bien lavé dans l'eau de chaux; par cette opération 13 pouces et demi furent absorbés, et il y a eu un précipité abondant de carbonate calcaire. Le reste éprouvé à l'eudiomètre a été reconnu pour être de l'air atmosphérique. Le carbonate calcaire recueilli sur un filtre et séché, a donné 2,0034 grammes, qui, d'après *Bergmann*, contiennent environ 0,6812 d'acide.

« L'eau a été reprise, et après qu'on se fût assuré qu'elle ne précipitait plus par l'eau de chaux, on l'a faite évaporer à siccité; on a obtenu un résidu pesant 6,0400. Sur ce résidu on a d'abord versé 10 parties d'alcool, à effet de dissoudre les sels déliquescents, tels que les muriates de chaux et de magnésie, et on a filtré de nouveau. Ce qui est resté sur le filtre ne pesait plus que 3,6000; on l'a traité avec 200 parties d'eau froide.

« On va rendre compte de l'analyse particulière;

1.º De la partie obtenue par la dissolution avec l'alcool ; 2.º de celle obtenue par la dissolution avec l'eau ; 3.º de celle qui s'est refusée à la dissolution, soit par l'eau, soit par l'alcool ;

« 1.º On a fait évaporer jusqu'à siccité la dissolution par l'alcool : on a dissout ce résidu dans l'eau distillée, et on a essayé successivement les divers réactifs ; le nitrate d'argent, l'ammoniaque et l'acide oxalique, ont indiqué la présence des muriates de magnésie et de chaux, dont on a séparé et recueilli les principes constituans ;

« 2.º On a repris la dissolution par l'eau froide, et on l'a soumise à l'évaporation ; il s'est précipité quelques petits cristaux cubiques, que l'on a enlevés à mesure, et qui ont été reconnus être de muriate de soude ; la dissolution suffisamment évaporée, a été abandonnée à une cristallisation spontanée. Au bout de deux jours il s'était formé des petits cristaux bien distincts, qui offraient à la loupe des prismes rectangulaires ; on a dissout ces cristaux, et au moyen de l'ammoniaque, on s'est assuré qu'ils étaient de sulfate de magnésie. On a obtenu encore une petite portion de muriate de soude et un atôme de chaux, qui, vraisemblablement, était combinée avec l'acide muriatique, et avait échappé à la dissolution alcoolique ;

« 3.º Enfin, on a procédé à l'examen du résidu insoluble dans l'eau froide ; on l'a traité avec 1200

3

parties ; environ, d'eau bouillante ; et on a séparé par la filtration le résidu réellement insoluble d'avec celui qui ne l'était qu'en apparence. L'eau bouillante avait dissout le carbonate et le sulfate de chaux ; on les a retrouvés après l'évaporation, et on a séparé, au moyen de l'acide nitrique, le carbonate du sulfate.

« On a repris le dépôt resté sur le filtre : il pesait 0,1000 ; on l'a soumis à l'action de l'acide muriatique qui n'a dissout qu'une infiniment petite portion de fer, rendue sensible par l'acide prussique. Ce qui restait, soupçonné être de la silice, a été essayé au chalumeau avec la potasse, et on a obtenu une matière vitreuse.

Résumé général.

« Il résulte de l'analyse de l'eau de la fontaine *bouillon*, que 4 kilogrammes contiennent :

	Grammes.
Air atmosphérique.	
Acide carbonique gazeux. . . .	0,6812.
Sulfate de magnésie.	2,9200.
Sulfate de chaux	0,2400.
Muriate de chaux.	0,2200.
Muriate de soude.	1,7000.
Muriate de magnésie	0,3200.
Carbonate de chaux	1,5600.
Silice	0,1000.
Fer.	

« Si l'on compare le total de toutes les substances solides contenues dans cette eau, avec le résidu de la première évaporation, on aura d'un côté 5,9500, et de l'autre, 6,0400 ; il y a donc eu 0,0800 de perte dans l'analyse, et certes, il est difficile d'en trouver moins dans une opération aussi compliquée. »

Lille, le 12 thermidor an 13.

DRAPIEZ.

Le médecin inspecteur, M. *Armet*, qui a trouvé avec abondance le gaz hydrogène sulfuré dans les eaux et boues de St.-Amand, sans doute parce qu'il a eu la facilité de les analyser à la source même, croit devoir attribuer la naissance de ce gaz, dans ces eaux, à la décomposition des pyrites qui s'opère dans les entrailles de la terre. Le voisinage des mines de charbon de terre d'Anzin appuie cette opinion, fondée d'ailleurs sur toutes les analyses qui ont précédé celles de MM. *Armet* et *Drapiez*.

On a cru et on croit encore mal-à-propos que les eaux de la fontaine d'*Arras* ne sont pas de la même nature que les autres : c'est une erreur. Il est vrai que le gaz hydrogène sulfuré est plus abondant dans cette dernière ; mais la raison en est facile à donner : les deux réservoirs de la fontaine *bouillon* qui fournissent l'eau au bassin où l'on va la puiser pour boire, sont à découvert ; conséquemment le gaz hydrogène sulfuré s'en dégage très-librement ; tandis que les eaux de la fontaine d'*Arras* n'ont de com-

Nature des eaux de la fontaine d'Arras.

munication avec l'air extérieur, qu'au moment où on peut les recevoir dans son verre. Il n'y a donc pas de déperdition du gaz hydrogène qui les imprégnait; au contraire l'eau, par la force des circonstances, s'en trouve sur-saturée; aussi, l'odeur d'œufs pourris qu'elle exhale est-elle très-forte.

Nature des boues.

Quant aux boues minérales, leur chaleur est presque toujours de 20 degrés au thermomètre de Réaumur. Elles tirent leur propriété des sources minérales en grand nombre qui les délayent, et leur communiquent, avec leur chaleur, leurs principes médicamenteux (33).

Ces boues se composent de trois couches de terre de différente nature : la première est une tourbe argileuse. Depuis qu'elles sont couvertes, la partie tourbeuse a dû diminuer sensiblement. La seconde est argileuse,

---

(33) *Pithois* définit les boues minérales de St.-Amand, un composé de terre et de sable au travers duquel l'eau filtre de manière qu'elle y laisse son soufre huileux qui compose un baume très-excellent.

Bouquié, page 90, recherchant les causes qui communiquent la chaleur aux eaux de Saint-Amand, ne croit pas devoir attribuer ce phénomène au fer ni au soufre, l'analyse démontrant que ces substances y sont en trop petite quantité ; il l'attribue « à » l'action d'un feu souterrain qui brûle sourdement et échauffe » la terre et l'eau... Ce feu raréfiant avec force l'air renfermé » ou comprimé, pousse, élève, bouleverse tout ce qu'il rencon- » tre », c'est à son action qu'il attribue les différens phénomènes dont j'ai parlé précédemment pages 12 et 13 : il ajoute que l'on

(34) la troisième se compose d'un quartz arénacé très-fin, uni à du carbonate calcaire sous la même forme, à qui *Desmilleville* donne environ 2^m. 5^d (ou 7 à 8 pieds) de profondeur. C'est à travers cette troisième couche, dans un espace de 27^m. 28,646, (ou 84 pieds) en carré long, que sourdent, en nombre considérable, des petites sources dont les eaux de même nature que celles des fontaines, détrempent l'argile pure et la tourbe argileuse et en forment une espèce de bourbier.

M. *Morand* rapporte dans son mémoire cité, » qu'il a enfoncé dans l'endroit où ces boues étaient » le plus liquides, de fort longues perches sans trouver » le fond, et que des malades qui s'y sont plongés, » lui ont assuré que, lorsqu'ils voulaient s'y enfoncer » plus de la moitié du corps, ils se sentaient soulevés » et ramenés à la surface (35). »

---

a d'autant plus lieu de se confirmer dans l'opinion « qu'il y a » de semblables feux dans ce pays à certaine profondeur et dans un » certain éloignement, qu'il est rempli de tourbes et de houille, » toutes matières que l'on doit regarder comme la pâture du feu. »

(34) *Bouquié* donne à ces deux couches réunies, qui proprement forment les boues, (6 pieds) de profondeur. Page 58.

(35) « Pour éviter la diminution des boues, dit ailleurs cet » académicien, on n'en laisse sur le corps des malades quand » ils en sortent, que le moins possible et on en empêche absolu- » ment le transport ; mais comme elles paraissent ne point dimi- » nuer du tout, je serais disposé à croire que quelque torrent » souterrain en apporte la matière au bassin ». Page 13.

Vertus médicales des eaux et boues minérales de St.-Amand. (36)

« **M.** *Armet* ne pense pas que l'on doive chercher les propriétés salutaires des eaux et boues minérales de St.-Amand, dans la présence du sulfate de magnesie, puisque, si les expériences sont exactes, elles n'en contiennent pas en quantité suffisante. Il croit que l'on doit plutôt les attribuer à la quantité de gaz hydrogène sulfuré qui s'y trouve, (37) et, peut-être à la manière d'être du calorique qui élève leur température. De-là l'opinion où il est que, données en bains chauffés ou en douches, ainsi qu'on en a contracté l'usage depuis 1698, ces eaux n'ont pas plus de vertu que l'eau ordinaire, puisque la chaleur qu'on leur communique les prive absolument du gaz

---

(36) Cet article est encore extrait de la statistique générale de M. *Dieudonné*, préfet.

(37) D'après les observations d'un grand nombre de savans, des maladies qui obtiennent assez constamment un soulagement réel pendant le séjour que les malades font sur les lieux où l'on prend les eaux, les neuf dixièmes sont morales : il est fort difficile de déterminer à quoi l'autre dixième doit son succès. Cependant on ne peut révoquer en doute que les eaux sulfureuses ne soient d'un très-grand secours dans une infinité de maladies : tout le monde connaît l'action très-énergique du gaz hydrogène sulfuré sur l'économie animale, principalement dans les affections chroniques.

hydrogène sulfuré, qui même s'en dégage sans cela. Il ne pense pas de même des bains qui seraient pris dans les sources à la chaleur naturelle des eaux, tels qu'on les prenait avant 1698. Il croit que c'est à la douce et presque permanente température des boues, qu'il faut attribuer les cures marquantes qu'elles opèrent ; que les bains dans les sources seraient également salutaires ; et qu'il est, d'ailleurs, plusieurs cas compliqués où il serait convenable de respirer un air atmosphérique mélangé avec le gaz hydrogène sulfuré.

« La vertu des eaux minérales de St.-Amand dépend donc surtout de leur usage pris intérieurement. Des exagérations ont été publiées sur cet objet ; on est allé jusqu'à les prôner comme remède universel. M. *Armet* se borne à donner comme constant, qu'un grand nombre de différentes espèces de maladies qui avaient été regardées comme incurables, ont été guéries par l'usage de ces eaux et boues. Il cite les observations qu'il a été à même de faire lui-même pendant les années 6 et 7, sur plus de 700 militaires envoyés à ces eaux et confiés à ses soins, et à ceux du chirurgien en chef de l'hôpital militaire de St.-Amand.

« On sait que les campagnes antérieures à l'an 6 ont été poussées avec vigueur, même au plus fort de l'hiver ; que la conquête de la Hollande eut lieu au cœur d'un des plus rigoureux. Ces dures et glorieuses campagnes occasionnèrent à un très-grand nombre de militaires, des rhumatismes portés au dernier degré, et qui furent suivis chez plusieurs, de paralysie et de marasme.

« Beaucoup se trouvaient dans cette affligeante situation parmi ceux qui furent envoyés à ces eaux : on en a vu qui, par la violence de la maladie, avaient plusieurs membres paralysés, quelquefois tous. Presque tous ont été guéris ou singulièrement soulagés dès la première année, et la plupart de ces derniers ont trouvé leur guérison radicale aux eaux de St.-Amand, la seconde année.

« Les malades gravement rhumatisés avaient les membres plus ou moins atrophiés. Mais, sans aucune exception, on a vu ces membres flêtris par le marasme, reprendre de l'embonpoint et de la chaleur, avant même d'avoir récupéré le mouvement, indice sûr d'un acheminement à la guérison, à laquelle ces circonstances ont constamment préludé, chez tous ceux qui l'ont trouvée aux boues de St.-Amand.

« M. *Armet* dit avoir vu, dans les mêmes années, un grand nombre de militaires chez qui les accidens dus aux rhumatismes avaient été singulièrement aggravés par l'usage des eaux thermales d'Aix-la-Chapelle, de Barrèges, ou de Bourbonne-les-Bains, etc., être radicalement guéris par la douce et permanente température des boues de St.-Amand.

« Dans toutes les observations que je viens de citer,
M. *Armet* est d'accord avec tous les médecins qui
ont écrit avant lui sur les mêmes eaux.

« Ainsi, quand bien même les eaux et boues de
St.-Amand ne seraient propres qu'à guérir les affections rhumatismales causées par le froid et origi-
nairement idiopathiques, elles mériteraient déjà une
attention particulière du gouvernement.

« Mais M. *Armet* ne borne pas là leurs propriétés médicales. Les membres couverts de cicatrices
étendues, et par suite atrophiés, moins libres dans
leurs mouvemens, ou paralysés même entièrement,
ont aussi recouvré constamment, aux eaux de St.-
Amand, leur embonpoint ordinaire et la liberté
de leurs mouvemens (38).

---

(38) Après un des piliers du local des boues, se voient attachés
deux béquilles et un suspensoir. L'inscription qui se trouve au-dessous, annonce que ce monument est le témoignage d'une guérison
extraordinaire due, en l'an 12, à la vertu des boues de Saint-
Amand. Voici cette inscription telle que je l'ai insérée textuel-
lement dans mon annuaire statistique du département du Nord
de l'an 13 :

« *Hommage à la vérité.* »

« Le sieur Pierre *Mourey*, soussigné, lieutenant à la 5.e com-
» pagnie du 3.e bataillon du 55.e régiment d'infanterie de ligne,
» atteste qu'arrivé aux boues de St.-Amand, le 2 messidor an 12,
» ayant les nerfs de la jambe gauche raccourcis, à la suite d'une
» blessure qu'il a reçue au blocus de Maubeuge, de manière qu'il

« Énfin, ajoute-t-il, on peut dire, généralement
parlant, que les eaux et boues de St. Amand conviennent singulièrement dans les paralysies non cérébra-
les, dans les affections psoriques, surtout dartreuses,
dans la gravelle et les obstructions du bas-ventre,
surtout spasmodiques ; que, sous tous ces rapports,
elles offrent une ressource précieuse, surtout pour les
militaires à la suite d'une guerre. C'est, sans doute,
ce qui a engagé l'ancien gouvernement à y faire
reconstruire, en 1743, un hôpital militaire, dont les
bâtimens existent encore en très-bon état, et où il
y avait 200 lits. On sait que très-anciennement il y
ayait déjà eu un pareil établissement. »

» portait son pied à sept pouces de terre, a, après avoir pris en
» ce lieu, trois bains, trente-trois douches et trente-trois boues,
» quitté les deux béquilles et le suspensoir à l'aide desquels il allait
» et venait, et en est reparti le 10 thermidor même année, mar-
» chant bien droit, pour rejoindre son corps et y remplir les
» fonctions de sa place ; ce dont il était privé depuis dix-neuf
» mois, après avoir épuisé tous les remèdes que l'art indique en
» pareil cas. Est signé *Mourey* ».

Etablissement des Eaux et Boues de Saint-Amand. — Réparations, améliorations à y faire.

En 1685, lorsqu'*Héroguelle* écrivait, *cette incomparable fontaine si salutaire et propre contre toutes sortes de maladies désespérées, rebelles et langoureuses*, de 12 pieds de longueur, 10 de largeur et 3o ou 40 de profondeur, était située au bout d'un grand pré, proche d'un bois et d'une cense nommée *la cense de Bouillon*, et elle était entourée d'arbres, de roseaux et d'un cabinet fabriqué de bois.

Etablissement en 1685.

Les moyens de récréations des buveurs étaient 1.º *la très-célèbre abbaye de St.-Amand dont ils admiraient les merveilles*;

2.º *Le beau et grand parc dépendant de cette abbaye*;

3.º *Des longues allées qui semblent rétrécir en manière de perspective par l'éloignement de la vue*;

4.º *Les jardins et les prés émaillés de fleurs où on voit courir les cerfs et les biches*;

5.º *Les bois et bocages avec leurs cabinets fabriqués de ces arbrisseaux, qui font une nuit en plein jour, en faveur de ceux qui ont envie de dormir; les rivières, les viviers environnés d'arbres, et les parterres qui réjouissent ceux qui les considèrent à l'œil.*

En 1700, ce lieu est encore marécageux (39) et dépourvu de commodités, entre une cense et un bois dans un pré; mais on poursuit avec application, depuis deux ans, les travaux ordonnés par le roi. (*Mignot*). Il y avait, pour se baigner, des bains placés dans des sources semblables à celles où l'on boit. Pour leur donner le degré de chaleur nécessaire, on faisait chauffer une partie des eaux destinées à cet usage. (*Pithois.*) M. *Desmilleville* ajoute que cette circonstance engagea, depuis, à construire quelques chambres de bains. Le nombre en étant insuffisant, on y en a ajouté lors des travaux faits aux frais de l'abbaye en 1767.

En 1714, tems où écrivait *Brassart, cette ancienne fontaine qui était dans un fond marécageux et bourbeux du passé, était déjà fort élevée et embellie.* En arrangeant le local, quelques années avant, on avait construit quatre bains d'eau claire séparés, qui soutenaient un pavillon servant de logement aux buveurs. En 1710 ou 1711, on commençait à y puiser et à y boire.

M. le marquis de *Bernières*, intendant, donnait son attention à perfectionner les ouvrages, les accès et commodités de la fontaine.

En 1716, un pavillon en bois est élevé sur l'ancienne fontaine dite *le grand Bouillon*. On a

---

(39) Cela ne veut pas dire que l'établissement soit dans un fond; il domine, au contraire, la ville à qui il envoie ses eaux.

vu précédemment qu'il n'a duré que jusqu'à 1727,
qu'il s'est écroulé.

En 1714, *Brassart* désire que cet hôpital soit
rétabli comme du passé, et qu'on y mette quelques
paillasses pour donner le couvert à 30 ou 40 soldats.
Cet hôpital a été bien augmenté depuis, puisque
déjà, en 1765, il contenait les 200 lits que l'on y
voyait encore avant la dernière guerre.

En 1750, *Bouquié* parle de 8 baignoires placées
circulairement dans une chambre destinée aux soldats qui doivent prendre les bains. L'eau, chauffée
dans une grande chaudière, est portée dans les
baignoires par des tuyaux. Un très-grand réservoir
contient l'eau froide que des tuyaux mettent également à la disposition des baigneurs. Les étrangers
ont des bains dans des chambres particulières où
ils sont fort proprement. Il y a des domestiques
lestes et adroits pour les servir.

En 1764, grandes réparations faites à l'établissement.
Les fontaines Bouillon sont environnées de maçonnerie et couvertes d'un pavillon où se trouve
le salon destiné à servir de promenoir et de lieu de
réunion pour les baigneurs.

En 1765, additions de 10 nouvelles chambres
aux 8 anciennes pour les bains. La douche, si utile
pour la guérison de beaucoup de maux et pour pré-
parer à l'usage des bains de boues, est rétablie avec
toutes les aisances possibles. Le bâtiment des boues

[Notes marginales :]
Hôpital militaire,

En 1750, nouvelle chambre de bains.

En 1764, nouveau pavillon des fontaines.

En 1765. nouvelles chambres de bains, douches.

est construit ; (40) des logemens commodes, des allées et promenades sont disposés pour les baigneurs.

En 1767, le terrain affecté aux environs des boues pour la promenade des buveurs, est orné de haies vives, d'allées et d'avenues de charmilles, garnies des deux côtés, de distance en distance, de bancs pour la commodité des buveurs. Des latrines sont construites à l'extrémité des allées, sur des fossés d'eau courante. Les fossés sont curés ; des aquéducs et canaux réparés ou construits à neuf, pour la décharge des fontaines et des boues et pour fournir les eaux nécessaires aux lavoirs des soldats lorsqu'ils

---

(40) J'ai dit précédemment que le local des boues est divisé en deux parties par une cloison en bois. La partie qui est destinée aux malades civils, contient 59 loges, séparées l'une de l'autre par des montans d'un mètre 624 (5 pieds) de hauteur, terminés en demi-cercle à leur partie supérieure, au moyen de cerceaux destinés à recevoir les toiles ou feuillages que l'on est dans l'usage de placer pour donner de l'ombre aux baigneurs. Le nombre de ces loges pourrait être porté à 70 ; on y communique par des trottoirs plan-chéiés. Sur la droite en entrant, sont les 6 lavoirs avec cheminée, destinés à ceux qui sortent des boues ; l'entrée de 5 de ces lavoirs est en dedans du local des boues ; le sixième étant destiné aux indigens, a son entrée en dehors.

L'autre partie de la serre des boues contient les loges destinées aux militaires ; on y entre par une petite cour entourée de murs, sur laquelle donne aussi l'entrée du lavoir affecté au même service. A gauche, en entrant dans le local des boues, se trouve un terrain entouré d'un lattis à claire-voie ; il est destiné aux indigens qui prennent les boues, et a son entrée en dehors.

sortent des boues, et aux bains communs qui leur sont destinés.

Tel était encore l'état des choses avant la dernière guerre et l'incendie de l'auberge arrivé le 18 brumaire an 9. On le devait aux soins de M. *Taboureau*, l'un des derniers intendans du Hainaut. L'abbaye de St.-Amand, propriétaire, en avait fait les frais. La fontaine et le terrain qui y avaient été annexés se trouvaient engagés par bail emphitéotique passé par l'abbaye à différens particuliers sur la fin du dix-septième siècle. Les religieux durent commencer par les racheter. L'ensemble du terrain, environné de toutes parts d'un fossé d'enceinte, contenait 11 hectares 40, 12; dont :

En terres labourables	4 —	86,	78.
—— Jardins.	0 —	49,	34.
—— Prairies.	1 —	55,	16.
—— Bois national	0 —	92,	70.
—— Etangs et fossés.	0 —	87,	32.
—— Cours, fontaines, bâtimens.	1 —	90,	00.
—— Chemins et avenues. . . .	0 —	78,	82.
Total	11 —	40,	12.

Aujourd'hui il ne contient plus que 6 hectares 31, 34, depuis la vente qui a été faite des terres labourables et de la moitié des jardins.

Il n'y a qu'une seule entrée pour pénétrer dans l'établissement; elle est au Sud. En venant de St.-

Entrée de l'établissement.

Amand , on quitte , non loin du petit château , la route qui conduit au bois , pour prendre , à gauche , une allée plantée d'une seule rangée de platanes et bordée de haies vives. Cette allée conduit à la cour. Cette cour est un vaste carré long , en pelouse ; au fond on apperçoit d'abord la serre hollandaise qui renferme les boues , placée entre le pavillon des fontaines *Bouillon* et la fontaine *de Vérité* ; on se rappelle que les fontaines et les boues se trouvent sur un réservoir commun d'eau.

Bâtimens.

Deux grands bâtimens oblongs , espacés l'un de l'autre de 54 mètres , forment les deux côtés du carré long. Celui qui est à gauche est un pavillon couvert en tuiles , de 68 mètres 540 , contenant le logement du portier ou du concierge , les écuries , les remises ; un abreuvoir de forme circulaire , pavé en grès , est à l'extrémité pour l'usage des chevaux. Le pavillon de la droite , que l'on n'apperçoit qu'après que l'on a tourné les ruines de l'auberge , est d'une longueur double du pavillon de gauche , ayant 122 mètres 139 ; il est couvert en ardoises , et contient un vaste corps de logis pour l'usage des baigneurs civils , les chambres de bains civils , l'emplacement de l'horloge , la brasserie , et à son extrémité , la salle où se trouvent les deux fontaines *Bouillon* , vis-à-vis de laquelle j'ai dit qu'était établie la serre qui renferme les boues. C'est au-dessus de l'entrée principale de cette salle que, sur une pierre bleue fixée dans le mur, on lit l'inscription suivante :

CETTE FONTAINE,

autrefois cultivée par les Romains, négligée ensuite et ignorée jusqu'à nous ;

Enfin reconnue à ses effets merveilleux ;

Mais presque inaccessible et confondue dans un marais;

A été réparée, bâtie et embellie d'avenues,

Pour l'utilité publique,

Sous le règne de LOUIS LE GRAND,

Par les ordres du maréchal DUC DE BOUFFLERS,

Commandant des ordres du ROY, colonel du régiment des gardes françaises,

Gouverneur général de Flandres,

L'an de grace M DV LXXXXVIII.

Cette inscription était couronnée par les armoiries du roi; elles ont été effacées pendant la révolution.

Au-dessus de la salle des fontaines est un salon de compagnie qui en occupe toute la surface, et prend vue au N.-E. sur la cour, et au N. sur le fer-à-cheval, centre des allées de charmilles; deux de ces allées sont dans la direction des principaux jours, et conduisent au bois. C'est dans ce salon que les baigneurs peuvent se récréer lorsque les tems pluvieux ou brumeux interdisent la distraction de la promenade; c'est là aussi que les dimanches, durant la saison des boues, on voit la belle société de Valenciennes, Tournai et autres villes voisines, venir, à l'envi, donner aux baigneurs, de ces fêtes aimables qui n'entrent pas pour peu de choses dans l'économie

des cures qui sont, tous les ans, dues à l'usage des
eaux et boues de St.-Amand. (41' De ce salon de compagnie part un vestibule qui, se prolongeant jusqu'à
l'extrémité du bâtiment, sert de dégagement à
5o appartemens de maîtres, dont 10 sont composés
d'une chambre et d'un cabinet, et les autres d'une
chambre seulement.

Au couchant de cette aîle et au tiers à-peu-près
de sa longueur, à partir de l'extrémité où sont les
fontaines, vient aboutir, perpendiculairement, l'hôpital militaire : c'est un long bâtiment exposé au
N.-O., où l'on trouve à-la-fois un hôpital distribué
pour recevoir 200 lits, la pharmacie, le logement
des officiers de santé, un bâtiment commencé, la
boulangerie et la buanderie. En face de l'hôpital
militaire, sur une ligne parallèle, sont deux petits
bâtimens, au bout et peu distans l'un de l'autre;
savoir : la chapelle civile et militaire, convertie en
café en l'an 13; l'hôpital des pauvres, à la suite
duquel est continué le mur de clôture. L'intervalle
entre les deux corps de bâtimens forme une cour
en carré long, d'environ 100 mètres sur 40 mètres de
largeur; cette cour est fermée à l'Est par un fort
mur adossé aux fossés d'enceinte de l'établissement,

---

(41) En thermidor an 13, S. A. I. le prince Louis a fait construire, à ses frais, dans ce salon, un théâtre pour l'amusement des
baigneurs. La troupe d'artistes dramatiques de Valenciennes, y est
venue jouer, pour la première fois, le vendredi 21 thermidor.

et à l'Ouest par un pavillon où sont les douches pour les militaires. Elle est plantée de quatre rangées de très gros ormes et offre une promenade délicieuse au soldat baigneur ; on y entre par une porte cochère pratiquée dans l'angle de jonction de la chapelle avec le bâtiment des douches. Pour y aller du bâtiment des boues ou du pavillon des fontaines, il faut tourner la tête du pavillon où sont ces fontaines.

C'est dans le petit espace qui sépare les douches militaires des sources, que l'on a pratiqué, en l'an 13, le cabinet de bains et douche, destiné à l'usage de S. A. I. le prince Louis. Ce cabinet, dans lequel on descend par quelque marches, n'est séparé de la fontaine *bouillon*, que par un mur : ce qui fait qu'il en reçoit immédiatement les eaux à leur chaleur naturelle, par un robinet pratiqué à cet effet. Ce cabinet a un étage où est placée une grande cuve qui envoie ses eaux en douche au prince, lorsqu'il est dans sa baignoire. Une pètite cour sert d'entrée à cette salle de bain, de l'enceinte de l'hôpital militaire. Un gazon en occupe le centre ; on avait eu l'idée heureuse de le découper en forme de décoration de la Légion d'honneur , dont une touffe de fleurs aimables et odorantes occupait le centre. La façade principale de ce petit bâtiment donne sur le fer à cheval d'où partent les promenades , et contribue à la décoration ; elle a aussi une petite porte d'entrée.

Au Midi de la serre des boues, et à-peu-près au

centre, on a en même-tems pratiqué, pour la même destination, un cabinet divisé en deux parties: dans la première sont quatre cases de boues, recouvertes d'un parquet; dans la seconde, une baignoire pour se laver en sortant des boues. Ces deux nouvelles constructions ont été faites aux frais du prince.

L'intervalle qui sépare la masse des bâtimens de l'établissement, des fossés d'enceinte, est rempli, à l'Ouest, par des prairies; au Sud, à gauche de l'allée d'entrée, par les terres dépendantes du *petit château*; à droite, par le potager du fermier et un étang; au S.-E., par les jardins aliénés provenant de l'établissement : c'est à travers ces jardins que serpente le coulant de la fontaine; au N.-O., puis au N., par les promenades composées de sept allées en charmilles, qui viennent faire angle aigu sur la pelouse pratiquée en fer à cheval, que j'ai dit être sous les fenêtres du salon de compagnie. Au-delà se trouvent, à l'Ouest et au Nord, la forêt de St.-Amand; à l'Est une langue de terre labourable, bornée par la même forêt; au Sud sont des terres, des pâtures, environnées de haies vives, quelques bâtimens et le grand chemin qui conduit à St.-Amand.

Tel est, dans son état actuel, l'établissement des bains de St.-Amand ; il serait facile, avec quelques dépenses, d'en faire une solitude bien agréable: ça desuite été la pensée de Monsieur *Dieudonné*, Préfet, à la première visite qu'il en fit en l'an 9; tout alors était en ruine. Le premier et le plus-pressant remède était de le retirer des mains d'un fermier qui laissait tout dépérir , et rebutait les baigneurs. Des baux provisoires , pour la saison seulement , ont été passés pendant les années 10 , 11 , 12 et 13, avec l'obligation , pour les nouveaux fermiers , de faire successivement les réparations les plus urgentes. Par ce moyen toute dégradation ultérieure a été prévue. En même-tems des hommes de l'art ont été envoyés sur les lieux , et dès l'an 10, le Ministre de l'intérieur a reçu les mémoire et devis des travaux à faire à l'établissement, pour lui donner une destination à-la-fois utile et agréable. Dans ce devis dressé par M. *Drappier* , Ingénieur en chef du département, M. le préfet se propose trois objets principaux :

Le premier : Conservation de l'établissement et continuation de son service.

Le second : Augmentation du produit de l'établissement , liée à l'agrément et aux commodités des malades.

Le troisième : Réparations et constructions de pur agrément.

M. le préfet place en première ligne le remplacement de bâtiment *dit* l'auberge , qui a été dévoré par les flammes le 18 brumaire an 9. Ce bâtiment

Réparations urgentes et nouvelles constructions indis

long de 37 mètres 50 millimètres sur 9 mètres 20 millimètres de largeur, était composé d'un rez-de-chaussée et d'un premier étage ; il avait caves, cuisine, office, salle à manger, salon, salle de compagnie. C'est dans ce bâtiment qu'étaient logés le fermier et toutes les personnes attachées à l'établissement ; il renfermait aussi quelques logemens pour les malades. Comme les pièces dont l'énumération vient d'être faite, sont absolument indispensables à l'établissement, qu'il en est entièrement dépourvu, on propose de démolir ce qui reste de l'ancien bâtiment brûlé, lequel obstruait la cour, et de le remplacer par deux autres corps de bâtimens parallèles et correspondans, d'une architecture pure et bien décorée. L'un serait adjacent au corps de bâtimens des baigneurs, à droite en entrant, et formerait avec lui angle droit ; l'autre serait adjacent aux remises avec lesquelles il formerait aussi un angle droit. L'intervalle de ces deux bâtimens serait fermé par une grille de fer. Cette disposition aurait le double avantage de former, avec les autres bâtimens, un ensemble régulier, et de donner, dans l'enceinte de ces bâtimens, une cour vaste qui pourrait être plantée avec goût. Chaque nouveau pavillon aurait 24 mètres de longueur sur 10 de largeur, et la grille qui devrait les réunir et fermer le systèm, 6 mètres de longueur. Leur façade serait exposée au Midi et construite en pierres blanches, provenant des démolitions de l'Abbaye, ainsi que la façade dans l'intérieur de la cour; ils seraient composés d'un rez-de-chaussée et d'un premier étage. Dans le pavillon adjacent aux remises, on construirait les caves, cuisines, office, salle à manger; on y logerait le médecin, le fermier, ainsi que les gens attachés à l'établissement. Dans le pavillon adjacent à l'hôpital civil on établirait les salon, salle de compagnie, salles de billard et de jeu, et des logemens pour des malades. Toutes les pièces de ces deux nouveaux pavillons devraient être distribuées et décorées selon leur destination, et la plupart parquetées, lambrissées et plafonnées.

Les appartemens du rez-de-chaussée de l'aîle des baigneurs sont plus bas que le sol de la cour, et très humides; l'eau y tombe de toute part. Il importe d'exhausser ce rez-de-chaussée d'environ 16 centimètres, et d'en écarter l'humidité, en faisant, dans chaque appartement, une excavation de 33 centimètres de profondeur, remplie ensuite de cailloutis ou de machefer, recouverte d'une couche de charbon de bois de 10 à 12 centimètres d'épaisseur, et de parqueter dessus.

Le même exhaussement est exigé pour les salles de bains et les salles de douches, dans lesquelles il conviendrait de remplacer les baignoires en bois actuellement existantes, par des baignoires en cuivre étaminées en dedans et peintes en dehors. Cette dépense, d'abord un peu considérable serait, dans la suite, bien compensée par une économie réelle, puisque celles en bois doivent être renouvelées tous les 4 ou 5 ans, et que, d'ailleurs, elles sont toujours moins propres que les autres.

On peut augmenter de deux, le nombre des salles de bains, et le porter à 24; et celui des salles de douches, à six, au lieu de quatre qui existent actuellement.

Renouveller les planchers supérieur et inférieur du local des fontaines ; peindre ces planchers de deux ou trois couches de couleur à l'huile de noix, pour les mettre à l'abri de la corrosion du gaz hydrogène sulfuré ; faire une reprise en maçonnerie au réservoir des eaux, et le recouvrir d'une trappe en chêne, (42) peinte comme le plancher.

Rétablir au toit du local des boues, tous les vitraux qui y existaient avant le 18 brumaire ; renouveller le cuvelage des cases des boues, et couvrir chaque case d'une couverture en bois de chêne pour conserver le calorique ; peindre le nouveau plancher à faire, et toute la charpente du toît, pour rendre plus propre ce local et préserver la charpente et boiserie, de l'action destructive du gaz hydrogène sulfuré.

Curer à fond les fossés et les aquéducs de l'établissement, pour les débarrasser des eaux étrangères.

---

(42) Cette réparation a été faite dans l'été de l'an 13 ; la rupture d'une poutre a donné occasion de relever aussi le plancher de ce local, et de remédier au plus pressant.

Pavillon des baigneurs. — Rendre plus gais les appartemens du rez-de-chaussée et de l'étage au-dessus, et pour cela les parqueter, plafonner et entourer d'un lambris d'appui; placer dans chacun une cheminée en marbre ayant une glace au-dessus; une armoire à placard; renouveller les châssis, y ajouter des jalousies; changer toutes les portes qui sont faites d'une manière grossière, leur substituer des portes à panneaux; peindre toutes les boiseries et revêtir chaque appartement d'un papier de tenture d'un bon goût.

Réparations et nouvelles constructions nécessaires pour augmenter le produit de l'établissement et procurer de l'agrément et de la commodité aux malades.

Salle des bains et des douches. — Compléter les réparations de ces salles, les plafonner, lambrisser ainsi que les cabinets; y placer une cheminée de marbre, une glace, un lit de repos ou canapé, une armoire, une croisée, une persienne, une porte à panneaux; mettre une baignoire de cuivre dans les salles des douches.

Local des fontaines.—Revêtir en plomb le bassin de la fontaine; (24) remplacer les croisées par des neuves.

---

(43) Durant la saison de l'an 13, le circuit intérieur de la salle où sont les fontaines a été garni de boutiques en bijouterie, librairie. C'est la première fois que l'essai de cette petite foire a été fait; il est une des innovations utiles dues à la présence de L. A. I. Peut-être serait il avantageux d'y pratiquer des boutiques fermantes comme dans les galeries des bourses de commerce; et de faire de la location de ces boutiques, une des branches du revenu de l'établissement.

Salon de compagnie. — Ce salon entièrement
nu, n'a, dans l'état actuel, de décoration que celle
que lui procure l'aspect riant des avenues et promenades sur lesquelles il donne; il s'agirait de le revêtir
d'un lambris d'appui, et de revêtir également ses
deux cheminées en marbre; de placer deux grandes
glaces sur ces deux cheminées, deux autres vis-à-vis
et deux dans le fond; de faire une estrade pour la
musique; de renoúveller les croisées; de réparer
enfin le café qui est adjacent à ce salon.

Local de boues. — Revêtir, en dedans, le vitrage,
d'un treillis de fil d'archal, pour empêcher les fragmens de verre de venir se mêler aux boues; plan-
chéier chacune des salles à usage de lavoir pour
ceux qui sortent des boues; y mettre une baignoire
en cuivre, une armoire, une glace; renouveler
portes et fenêtres.

Terrains aliénés. — Racheter ces terrains qui
offriraient de vastes jardins pour promenade aux
baigneurs; les planter d'arbres fruitiers qui y trouveraient une végétation fort abondante.

Nouvelles constructions. — Enfin, construire der-
rière le pavillon, des remises et écuries, une blanchis-
serie pour l'usage de l'établissement, une brasserie,
une basse-cour composée d'un poulailler et d'un
colombier. Ces trois établissemens manquent, et
cependant sont d'une utilité indispensable.

Faire de nouvelles remises dans la basse-cour projettée.

Fontaine de vérité. — Elever à l'endroit de cette fontaine, un petit édifice sur un plan circulaire de 3 mètres de diamètre, et tiré du genre antique : il consisterait en six colonnes d'ordre dorique, surmontées d'un petit dôme, au-dessus duquel serait la statue de la vérité, en terre cuite. Les bases de ces colonnes seraient revêtues de marbre et posées sur un piédestal non interrompu ; dans l'intérieur un bassin concentrique recevrait les eaux de la fontaine.

Cabinets d'aisance. — En placer un dans chacune des quatre allées parallèles aux boues, sur les fossés qui contiennent des eaux courantes ; donner à chacun de ces cabinets quatre mètres carrés ; les former en maçonnerie de briques, couverte en ardoises, avec des fenêtres.

Chaussée qui conduit à St.-Amand. — Terminer cette chaussée en pavant en grès la lacune de 540 mètres qu'elle offre dans l'intérieur du hameau *dit* la Croisette.

Pavés. — Elargir le pavé qui est le long du pavillon des baigneurs civils ; réparer le devant et l'intérieur des écuries.

Chapelle. — La rétablir ; y mettre un pavé de marbre ; peindre le plafond ; reblanchir les murs ; changer les croisées et la porte ; y placer un autel.

Horloge , cloche. — Placer sur l'un ou l'autre pavillon projetté, une horloge et une cloche pour faire connaître l'heure des repas et des médicamens.

Promenade. — Ouvrir aux baigneurs une promenade agréable, à travers le bois de St.-Amand, en prolongeaut, en ligne droite, l'avenue du milieu de la promenade actuelle, jusqu'à la rencontre du chemin public de St.-Amand à Nord-Libre, à l'endroit où ce chemin se croise avec un chemin de vidange, du bois, et un autre chemin qui conduit à *Hauterive.* Cette allée aurait de longueur 1 kilomètre 69, sur 13 mètres 50 de large, y compris les fossés, et serait coupée par 4 ponts placés à distance à-peu-près égales sur les 4 rigoles de desséchement qu'elle aurait à traverser ; trois rotondes pratiquées dans le bois offriraient, à 3 distances égales, des reposoirs garnis de bancs, aux baigneurs.

En supposant ensuite la construction, dans le centre d'une étoile à l'extrémité de cette allée, d'un pavillon correspondant à celui des fontaines *bouillon*, on conçoit ce qu'aurait d'attrayant pour les baigneurs, une avenue qui leur présenterait, tous les après-diner, pour terme d'une promenade protégée par l'ombre et la fraîcheur de la forêt, un café, une salle de billard, un salon de compagnie, pour s'y reposer quelques heures des fatigues du traitement du matin ; ce pavillon ne serait qu'à

quelques pas de la cense de la *Taillette*, qui est au
N.-E., sur le chemin de St.-Amand à Nord-Libre.
Cette cense est située le long de la chaussée *Brunehaut* (44), ouvrage des Romains, qui conduisait
de Tournai à Bavai, les deux chefs lieux principaux
de ces anciens habitans du pays. A une distance
à-peu-près semblable, au N.-O., est le hameau de
Hauterive, où la tradition rapporte que St.-Amand
détruisit un temple consacré aux idoles. (45) L'ama-

---

(44) On donne ce nom à plusieurs chaussées romaines qui
traversent, en différens sens, le département du Nord. Sept de ces
chaussées partaient de la place de Bavai; savoir : celle de
Maëstrick, de Rheims, de Soissons, d'Amiens, de Mardick,
d'Utreck, de Gand. Une colonne septangulaire indique encore
aujourd'hui, sur la place de Bavai, le point central de toutes ces
chaussées. Outre ces sept chaussées, on trouve encore les traces
de trois autres dans le département, l'une de Tournai au pont
d'Estaires; la seconde de Tournai à Cassel; la troisième de Tournai
à Arras et à Cambrai. En fouillant sur le bord de ces chaussées,
on découvre en plusieurs endroits des sepultures, des urnes
cinéraires. Le long de la forêt de Mormal, on a trouvé
beaucoup de ces petites meules en grés, dont se servaient les soldats
romains pour moudre leurs grains. La chaussée qui traverse le
bois de St.-Amand, est celle qui conduisait de Bavai à Mardick
par Valenciennes et Tournai. Mardick est un ancien port près
de Dunkerque, que plusieurs prétendent avoir été le *portus Jccius*
de César.

(45) Voyez ci-devant, *page 16.*

leur de l'agriculture (46), celui des antiquités, trouveraient donc, de ce pavillon, des excursions faciles et intéressantes à faire.

Aperçu des sommes que couteraient les reparations et constructions nouvelles proposées.

Réparations de la première classe. 91,490 60.
Réparations de la deuxième classe. 72,421 60.
Réparations de la troisième classe. 16,476 »

TOTAL GÉNÉRAL . . . 180,388 20.

Une partie de ces réparations, celles qui sont les plus urgentes, pourront être la condition principale d'un bail à long terme, passé avec un fermier : c'est

---

(46) Le département du Nord peut être considéré comme le berceau de la bonne culture en France. C'est aussi de ses plaines fertiles, qu'une nation rivale a emprunté nombre de pratiques, qu'elle a eu ensuite la jactance de présenter comme inventées dans son île. Par exemple, les Anglais, assure-t-on, s'approprient la découverte du marnage des terres ; mais un monument irrécusable atteste que cette pratique était usitée dans la partie même la moins bien cultivée du département du Nord, plusieurs siècles avant qu'ils ne songeassent à l'adopter. En 1267 la comtesse *Marguerite* donne à cens à *Mahieu* de Flandre, bourgeois de Forest, toutes les terres à labour des sars du Locquignol (arrondissement d'Avesnes), pour douze ans, moyennant quarante sous blancs par muid de terre, mesure du bois... « *Mahieu* doit, pendant la durée de son bail, faire » marler douze muids de terre et même le double si la comtesse l'ordon- » ne, à condition qu'elle fera jetter la *marle* hors de la fosse... » *Extrait du premier cartulaire de Flandre conservé aux archives du département du Nord, pièce 250.*

La ferme du Locquignol est située dans la forêt de Mormal.

le projet de Monsieur le préfet, qui se propose de faire commencer ce bail en l'an 14; mais les autres ne peuvent être tentées sans le secours du gouvernement.

Puisse l'usage de nos eaux et boues, procurer au prince le soulagement qu'il est venu leur demander et que les vœux des habitans du département du Nord appellent si ardemment : c'est alors que cet établissement, devenu cher à tous par un service signalé rendu à l'Empire, pourrait être recommandé à la bienveillance du Héros à qui rien n'échappe de ce qui est bon et vraiment utile. Le moment serait d'autant plus favorable pour exécuter les travaux, que les démolitions de l'abbaye et de la superbe église de St.-Amand, offrent, presque sur place, les matériaux de toute nature qui seraient nécessaires; et que, cette occasion une fois manquée, le devis devra être porté à un prix bien plus élevé.

En attendant, l'établissement doit à la sollicitude du prince, la percée de la promenade projettée dans le bois ; les ordres sont donnés et les mesures prises pour que dans le courant de fructidor, les travaux soient exécutés. Il y a 539 arbres à arracher, dont 135 chênes, 39 frênes, 365 bois-blancs; on les remplacera par 1400 arbres tirés de la pépinière de Bonsecours : ceux-ci plantés sur deux rangées.

Etablissemens accessoires. — Petit château.
— Palais royal. — Maison Broutin. —
Maison Dubarry. — Petite ferme.

A une portée de fusil de l'entrée de l'établissement, sur le grand chemin de St.-Amand, se trouvent quelques édifices et maisons appartenant à des particuliers : on peut les regarder comme faisant le complément de l'établissement, par la commodité des logemens qu'ils offrent aux baigneurs.

Le premier de ces édifices est connu sous le nom de *petit château, château minette.* C'est un pavillon très-propre, ayant un très-beau jardin adossé au bois. C'est dans ce petit château qu'était le quartier-général de *Dumourier*, lorsque, le 2 avril 1793, ce général en chef d'une armée française fit arrêter les quatre députés de la convention nationale, *Camus, Quinette, Bancal, Lamarque*, et le ministre de la guerre *Beurnonville.* C'est du petit château que, contre le droit des gens, ils furent tous cinq extraits, pour être tous quatre livrés, la même nuit, aux troupes autrichiennes. On pouvait encore, en l'an 10, y reconnaître la distribution intérieure des logemens entre les différentes personnes attachées au quartier-général ; j'y ai vu, à cette époque, écrits à la craie sur les portes des appartemens, comme

Petit château.

cela se pratique dans les cantonnemens faits à la hâte , les noms des généraux et officiers à qui ils étaient destinés. Un autre souvenir , cher au, département et à la ville de St. - Amand en particulier , vient de se rattacher au *petit château* : celui du Prince et de la Princesse Louis occupant , dans l'été de l'an 13 , cette solitude , et y donnant , loin de la pompe et des appareils de la cour, l'exemple d'un de ces modestes ménages où règnent la cordialité , le bonheur.

Un peu plus loin , en suivant le grand chemin , se trouvent groupés à droite , le *palais royal* , la maison *Broutin* ; à gauche , la maison de M. *Dubary*, la *petite ferme*. Ce groupe de maisons , presque dans le bois , présente l'aspect d'un agréable hermitage ; elles ont des jardins assez beaux. Toutes sont à portée des chemins et des sentiers qui conduisent à diverses parties du bois.

Palais royal.

Enfin , aux baigneurs, pour qui l'éloignement de quelques minutes n'est pas pénible , le beau hameau de la *Croisette* offre des logemens également commodes. Chaque année , un traiteur de Valenciennes vient y former un établissement qui ajoute à l'attrait des parties de plaisir faites aux bains dans la belle saison , par la certitude de pouvoir , sans être importun aux baigneurs infirmes, y organiser de ces fêtes champêtres qui n'en sont pas moins délicieuses pour être un peu bruyantes.

Hameau de la Croisette.

5

Réglement de l'établissement des bains. — Tarif du prix des eaux et boues.

Service des eaux et boues. M. *Desmilleville* nous a conservé les réglement et tarif portés par M. *De Taboureau*, intendant du Haynaut, le 10 avril 1767. Ces réglement et tarif ont été en vigueur jusqu'en l'an 9. M. *Dieudonné*, préfet, les a renouvellés et compris dans le projet du cahier des charges de location de l'établissement pour 18 ans : je vais en donner un extrait pris dans ce cahier des charges.

*A*RTICLE XVIII. — L'ouverture des eaux et boues aura lieu le 1.er messidor, et la clôture le 1.er vendémiaire. (47)

*A*RT. XIX. — Les preneurs de bains, douches et boues, se feront enregistrer chez le fermier, où il leur sera donné une carte qui leur indiquera, d'après la *prescription de l'officier de santé inspecteur*, 1.º les numéros des chambres et des loges pour les bains, douches et boues; 2.º l'heure à laquelle ils devront s'y rendre.

---

(47) Il est des années où les commencemens du mois de vendemiaire sont encore favorables aux baigneurs; dans ce cas l'administration permet que la clôture soit différée.

Art. XX. — Chaque chambre de bains offrira de l'eau chaude et de l'eau froide, du feu, un lit garni et bassiné, et le linge nécessaire.

Art. XXI. — Les preneurs de douches devront trouver les mêmes commodités dans des cabinets voisins de la douche.

Art. XXII. — Pour l'avantage des personnes peu fortunées et pour les pauvres admis gratuitément, il y aura quelques chambres de bains sans lits.

Art. XXIII. — Quelques autres chambres, pourvues de lits garnis, seront destinées aux bains de vapeurs.

Art. XXIV. — Les chambres de bains seront garnies de rideaux aux fenêtres.

Art. XXV. — Toute personne, autant que les emplacemens pourront le permettre, aura la faculté de se faire réserver une chambre de bains.

Art. XXVI. — L'adjudicataire ne pourra loger personne dans ses chambres de bains.

Art. XXVII. — Toute loge de boues sera à l'usage exclusif de la personne à laquelle elle aura été affectée, pendant tout le tems qu'elle restera aux eaux, à moins qu'elle ne consente à ce qu'une autre en fasse usage.

Art. XXVIII. — Il sera fourni aussi dans les lavoirs établis auprès des boues, de l'eau chaude, de l'eau froide, le feu et le linge nécessaire.

Il sera fait du feu dans le salon de compagnie aux frais de ceux qui le demanderont.

Il ne sera rien payé pour l'entrée du salon placé au-dessus de la fontaine Bouillon, excepté, bien entendu, les jours de bal.

Art. XXIX. — L'adjudicataire fournira à ceux qui prendront les boues, des manteaux de toile, des coussinets et toutes les commodités qui seront jugées nécessaires pour les différens accidens ou les différentes situations que les malades devront garder.

Art. XXX. — L'adjudicataire, en général, fournira les meubles, ustensiles et linges nécessaires, le bois et le charbon, enfin, tout ce dont les malades pourront avoir besoin; et entretiendra le nombre de domestiques mâles et femelles que le service pourra exiger.

Art. XXXI. — Il ne sera rien payé pour les eaux et boues dont les militaires envoyés par le gouvernement feront usage ; ils seront tenus de prendre les boues dans le lieu qui leur est consacré.

Art. XXXII. — Le préfet pourra admettre gratuitement, à l'usage des eaux et boues, les individus dont l'indigence sera constatée. L'adjudicataire fournira à ceux qui seront reçus dans l'hospice civil, aux frais de leurs communes, le mobilier nécessaire, le feu et le linge, ainsi que la nourriture telle qu'elle est prescrite par le dernier réglement sur les hôpitaux

militaires , et les médicamens suivant les prescriptions
de l'officier de santé inspecteur. Ces objets seront
payés d'avance par les communes aux prix fixés
ci-après.

*A*RT. XXXIII. — L'adjudicataire sera tenu de
faire porter au bureau de la poste de St.-Amand, aux
époques du départ du courrier , les lettres des personnes qui seront logées dans l'établissement des eaux ;
il fera également retirer du bureau les lettres qui
leur seront adressées. Il aura , à cet effet, une boîte
dont une clef sera entre ses mains , et une autre
entre les mains du directeur de la poste. L'adjudicataire rendra compte à ce dernier du montant des
lettres qui auront été acceptées, lui remettra cache-
tées celles qui ne l'auront pas été , et renverra aux
adresses qui lui auront été indiquées, les lettres qui
arriveraient après le départ des personnes auxquelles
elles seraient destinées ; l'adjudicataire jouira , sur
chaque lettre , de la rétribution ci-après déterminée.

*A*RT. XXXIV. — L'adjudicataire entretiendra
une ou deux chaises à porteur ou roulantes , bien
fermées , qui seront conduites par des gens à ses
gages ; elles seront destinées à transporter les malades
du hameau de la *Croisette* aux fontaines, et des
fontaines à la *Croisette* pour le prix qui va être fixé.

*A*RT. XXXV. — L'adjudicataire sera soumis à
l'inspecteur , sous l'autorité du préfet, pour tout ce

qui concerne la santé et la décence dans le service des eaux et boues.

*A*RT. XXXVI. — Il se conformera, au surplus, aux arrêtés des 29 floréal an 7, et 3 floréal an 8.

*A*RT. XXXVII. — Les plaintes et réclamations qui pourront s'élever, relativement au service, seront jugées par le préfet.

Tarif du prix des boues et autres objets, susceptibles de taxe. *A*RT. XXXVIII. — Le tarif des prix des eaux et boues et des autres objets susceptibles de taxe, est réglé ainsi qu'il suit :

fr. c.

Pour l'usage interne des eaux , une fois payé en entrant . . . . 3 »

Pour chaque bouteille d'eau destinée à être emportée, non - compris vase, emballage, etc. . . . . » 12 ½

Pour chaque bain avec lit , feu et linge, pendant les deux premières heures . . . 1 50

Pendant chaque heure suivante. . . . » 75

Pour drap de cuve . . . . » 25

Pour chambre de bain réservée , par jour . . . . 6 »

Pour chambre de bain sans lit, pendant deux heures. . . . . 1 »

Pour douche , pendant une demi-heure. 1 »

Pour douche, avec lit 1 50

Pour bain de boues , avec manteau et coussinets. . . . . » 50

Pour eau chaude et froide, feu et linge
dans les lavoirs. . . . . » 75.

Pour toutes les fournitures qui doivent
être faites aux pauvres admis dans l'hospice
civil, par jour . . . . 1 50.

Pour chaque transport de la Croisette
aux fontaines, et des fontaines à la Croisette,
en chaise à porteur. . . . . » 75.

Pour le même transport en chaise rou-
lante. . . . . » 50.

Pour chaque lettre apportée du bureau
de St.-Amand. . . . . » 05.

ART. XXXIX. — Les aubergistes et autres personnes des environs des fontaines qui logeront des
malades, pourront emporter des eaux pour l'usage
de la table, sans être tenus à aucune rétribution,
en produisant à l'adjudicataire un certificat du maire
constatant le nombre des malades qui sont logés
chez ces individus.

ART. XL. — Toutes dépenses non prévues par
le tarif seront réglées de gré à gré avec l'adjudicataire.

Perche à l'oiseau.

Les baigneurs doivent encore à la présence de leurs Altesses Impériales aux bains de St.-Amand, l'érection d'une perche à l'oiseau dans l'intérieur de l'établissement. Elle a été construite avec soin, et se trouve dans le centre de celui des massifs en gazon de la promenade qui est vis-à-vis le balcon du salon de compagnie. On connaît le goût qui domine les habitans du département du Nord pour le tir à l'oiseau. Voici en quoi consiste ce divertissement : à l'extrémité d'un mât qui a ordinairement de 15 à 20 mètres d'élévation, est fixé un petit oiseau de bois de la grosseur d'un moineau : c'est sur cet oiseau que l'on tire avec des flêches garnies, au lieu de fer, d'un bouton en corne ; celui qui a atteint et jetté bas l'oiseau, est déclaré *roi de l'oiseau*. (48) Durant la belle saison, des concours, des luttes s'ouvrent de commune à commune ; des effets d'argent, des mouchoirs sont proposés pour prix ; les jeunes-gens et même des hommes faits, des communes voisines, organisés en compagnie, viennent les disputer, et reçoivent, à leur tour, leurs rivaux un

---

(48) Quelquefois plusieurs oiseaux de la même matière sont fixés autour du premier ; des prix accessoires sont faits, mais sont gradués sur le plus ou le moins de difficulté d'atteindre les oiseaux.

autre dimanche *Le roi de l'oiseau* est décoré, par ses concurrens, d'un oiseau d'argent suspendu par un ruban à sa boutonnière; un plumet est attaché à son chapeau, et il est conduit au cabaret au son du tambour et du fifre. Là, dit M. *Dieudonné*, de qui j'emprunte ces détails, d'abondantes libations et des danses célèbrent son triomphe. Lorsqu'il est de l'endroit, le tambour et le fifre vont chercher sa femme, ses parens; le reste de la journée se passe dans la joie. Souvent *les champions reprennent l'arc* pour aller tirer, non plus à la perche, mais au but, et décider qui d'entre - eux sera le *roi de plaisir*: seconde dignité créée pour ajouter à la fête; et les mêmes cérémonies l'accompagnent au cabaret.

·Dom Nicolas *Dubois*, abbé de St.-Amand, passe pour avoir établi en cette ville la première compagnie d'archers en 1624. Les guerres survenues après, en ayant occasionné la dissolution, elle fut réorganisée en 1679 par Dom Pierre *Honoré*, son successeur; fut de nouveau interrompue par la guerre en 1686, jusqu'en 1713 que la paix d'Utrecht lui permit de reprendre ses exercices; elle les a continués sans interruption depuis cette dernière époque, jusqu'en 1776 ou 1777 que la mésintelligence qui ruine tout, en amena la dissolution. Depuis l'an 11, de nouveaux amateurs ont repris les amusemens du jeu d'arc. *(Compagnie d'archers de St.-Amand. Origine.)*

Cette compagnie avait ses statuts particuliers, approuvés le 20 février 1681, par l'abbé *Honoré*, *(Statuts et réglemens de la compagnie.)*

et souscrits du prieur de l'abbaye, du curé de St.
Martin, du chapelain de la confrérie, du roi de
la confrérie, du connétable et de vingt-un confrères.

Ces statuts sont intitulés : *réglement pour la
chambre et jardin des confrères de la confrérie de
St. Sébastien, à St.-Amand.* Ce réglement est en
57 articles ; voici les principaux :

« On ne peut être admis à faire partie de la confrérie qu'à la pluralité absolue des voix, par les
confrères réunis.

On paie 6 francs en entrant et autant en sortant.

La confrérie a un roi, un capitaine, un enseigne.

Elle a aussi un connétable qui est créé tous les ans
le jour du vénérable St.-Sacrement.

Le roi exerce sur les confrères l'autorité de les
convoquer, de les réprimander, de leur infliger les
peines prévues par le réglement.

Les attributions principales du connétable, sont
de diriger les banquets.

Ces banquets ont lieu trois fois l'an : le premier,
le jour du St.-Sacrement ; le second, le jour de St.
Sébastien ; et le troisième, le jour de l'oiselet. Tous
les confrères contribuent aux frais de ces banquets.
Ceux qui sont absens ou malades ne paient que moitié,
à moins que les confrères ne leur aient envoyé un
présent.

Les confrères sont divisés en quatre dixaines. Tous
les jours de dimanche, depuis celui de l'oiselet jus-

qu'à la St. Remy, une de ces dixaines, à tour de rôle, doit se trouver aux chambre et jardin de la confrérie, à trois heures après-midi, pour s'y divertir au jeu d'arc, à peine de dix sous d'amende par chaque confrère faisant partie de la dixaine qui manque au rendez-vous.

Pendant le jeu d'arc, lorsque le confrère qui doit tirer aura crié *garre*, personne ne pourra parler, *chiffler*, *bucher* ou faire du bruit, jusqu'à ce qu'il aura décoché, à peine de 5 sous d'amende. — Celui qui aura tiré devra aussitôt suivre son coup. — S'il arrive qu'un confrère ou autre vienne à être blessé d'un coup de flèche, le confrère qui l'aura blessé, ne sera poursuivable en aucune façon, moyennant qu'il ait crié *garre*, avant de décocher.

Personne, soit confrère ou autre ne pourra, esdites chambres et jardin, parler du diable, (49) sous peine de deux sous d'amende.

L'oiselet se tire annuellement le premier dimanche de mai, à moins que le prélat ne juge à propos de l'avancer ou retarder de quelques jours. Il y a un prix pour celui qui est roi. Ce prix déterminé par les confrères, est porté publiquement lorsqu'on va tirer l'oiselet. — Les *quatre hommes* dont il sera parlé ci-après, désignent quatre confrères pour reconduire chez eux le roi, le capitaine et l'enseigne, le soir

---

(49) Dans d'autres confréries, c'est le nom de Dieu que le réglement défend de jurer. *Réglement des arbalétriers de Croix.*

des trois jours de banquets. — Le roi donne à la compagnie des joyaux dont la quantité, l'espèce, la valeur sont laissées à sa générosité. (49) »

A ces dispositions réglementaires dont plusieurs sentent l'enfantillage, on en trouve jointes d'autres où se lisent ces intentions morales et utiles qui ont présidé aux insti utions de ce genre, si multipliées dans le Nord de la France.

---

(50) Le cérémonial pour honorer le roi de l'oiseau, varie suivant les localités ; par exemple : *extrait du réglement de la compagnie d'arbalétriers de Croix, arrondissement de Lille :*

» ART. 6. Le deuxième dimanche du mois de mai de chaque
» année, l'on tirera un oiseau de bois que l'on placera au bout d'une
» perche, laquelle sera attachée sur un moulin à vent ou sur un
» arbre fort élevé, et celui qui abattra cet oiseau, sera président
» de la compagnie ; et sitôt, chacun des confréres par ordre
» d'ancienneté, le félicitera d'une manière honorable, et lui pré-
» sentera une bouteille de vin rouge. Pendant que le président
» recevra les honneurs indiqués, les tambour, fifre, violon et
» autres instrumens, joueront des airs de gaîté, et l'on tournera
» momentanément le drapeau.

» Le soir arrivé, ces instrumens conduiront le président jusques
» dans son domicile, et le lendemain matin, ils retourneront chez
» lui, et le ramèneront au cabaret où se rassemble la compagnie.
» Ensuite tous les confrères se transporteront en ordre dans l'église
» de la paroisse, pour assister à la messe solennelle qui sera célébrée
» pour les confrères précédemment trépassés.

» Après la messe, la compagnie retournera au cabaret, et ensuite
» les confrères iront chercher leurs femmes ou sœurs, les ramène-
» ront audit cabaret pour dîner et pour se divertir honnêtement
» le reste du jour ; vers le soir, les femmes et filles *boulleront* avec

Ainsi « les confrères doivent se maintenir dans une bonne et sincère amitié; ils ne peuvent *s'attuire* ni user d'aucune parole malhonnête ni scandaleuse ou autre tournant au mépris des confrères , à peine de dix sols d'amende. Ils ne peuvent se quereller, injurier ni blasphêmer l'un contre l'autre, à peine de quarante sous d'amende. Ils ne peuvent démentir l'un l'autre , à peine de six livres d'amende. Il leur est également défendu de médire les uns des autres, soit en présence ou en absence; mais ils doivent se

---

» une boulle après un oiseau de bois qui sera placé an bout d'une
» planche, et celle qui l'abattra sera la présidente, et recevra les
» honneurs des confières et des autres femmes et filles.

» Le lendemain après-midi, qui sera le troisième jour, la com-
», pagnie se rassemblera et tirera les prix ordinaires.

Art. 7. » Lorsque la compagnie sera attaquée d'une autre com-
» pagnie d'arbalétriers pour tirer dans ses buttes, à l'effet de voir
» celle qui emportera la victoire, on ira la recevoir avec tous les
» instrumens mentionnés en l'article précédent. On lui présentera
» du vin et quelques *gobillages*; ensuite on entrera dans le caba-
» ret pour y boire quelques verres de bière ; puis les deux com-
» pagnies respectives se transporteront aux vêpres qui se chante-
» ront dans l'église de la paroisse, successivement, ils retourneront
» au cabaret, et ensuite l'on commencera à tirer jusqu'à l'heure
» qui sera convenue , et celle qui aura emporté le plus de points ,
» aura gagné la partie qui sera de la somme de 5 francs ».

Cet amalgame de boissons , de culte et de galanterie est ce qui caractérise particulièrement ces associations réjouissantes ; il rappelle le souvenir des courtois chevaliers du moyen âge.

conserver l'honneur et la réputation, à peine, pour celui qui serait convaincu d'avoir impunément médit d'autrui, de passer pour un calomniateur et d'être chassé de la compagnie. — En cas de rancune ou dispute entre les confrères, le Roi ou le premier officier pourra imposer silence, et les confrères doivent obéir, sous peine d'être chassés de la compagnie. Le secret le plus inviolable doit être gardé sur ces querelles et punitions qui arriveront dans la chambre, à peine de punition.

Pour terminer tous les différens ou infliger les punitions non prévues par le réglement, le Roi nomme quatre confrères connus sous le nom de *quatre hommes*, qui jugent à la pluralité absolue. En cas d'égalité de voix ou d'indécision des juges sur la peine à infliger, le Roi leur adjoint trois autres confrères. (C'est bien là l'institution des jurés.) — S'il arrivait quelque difficulté grave entre les confrères, ou s'il s'agissait d'infliger une peine infâmante, l'affaire, avant d'être jugée, serait communiquée à l'abbé de St.-Amand.

Les confrères ou autres ne pourront tirer à la partie pour plus d'un demi-pot de bière, ou demi-pinte de vin. — Ils ne pourront aussi tirer pour quelque somme d'or ou d'argent.»

La confrérie d'arbalétriers de Saint Sébastien à St.-Amand vient de recevoir de S. A. I. le prince Louis, une médaille d'or gravée exprès pour elle, à

Paris. L'association qui possède un gage aussi précieux de bienveillance, doit être désormais durable comme le sentiment qui va rendre héréditaire parmi ses membres, la mémoire du prince son restaurateur.

Cette institution qui, au premier coup d'œil, semble n'avoir pour but que la récréation de la classe ouvrière de la société, porte cependant le cachet de l'intérêt personnel, soit inévitable de toute institution humaine. On peut en juger par le premier article du réglement; il est ainsi conçu :

« Les confrères seront tenus de garder et conserver,
» autant qu'il sera en leur pouvoir, les droits et
» hauteurs du seigneur prélat et de son abbaye,
» sans permettre ni souffrir qu'il y soit fait aucun
» tort ou préjudice, non plus qu'à sa personne. »
C'est bien là le bout d'oreille.

Bois de St.-Amand. — De Suchemont. — Forét de Raismes. — Petite forét de Raismes.

C'est des forêts dont la fontaine et les boues de St.-Amand sont environnées , que l'établissement tire son principal agrément.

Bois de St.-Amand. Ce bois qui est de la contenance de 1295 hectares, est bornée au N.-N.-O. par le territoire de St.-Amand; au N.-E. par une des chaussées *Brunehaut*, qui le longe en ligne droite , le séparant du territoire de Bruille ; au sud , par le bois de Raismes ; à l'ouest par le bois d'Hasnon. Il est contigu à l'établissement des eaux et boues , dont il cerne les bâtimens presque de tous côtés. Ce bois est le moins bien percé de tous ceux qui forment la masse forestière de cette contrée. Avant l'ouverture de la belle avenue dont j'ai déjà parlé , on n'y connaissait que quatre chemins ; savoir: le *chemin de la fontaine à Raismes*, qui , se dirigeant du nord au midi, puis à l'ouest, va se lier à une des belles avenues du bois de Raismes; la *carrière du prince*, qui part de l'établissement, se dirigeant vers Bruille ; le *chemin de Cubrai* qui entre dans le bois, entre le *petit château* et la maison *Broutin*, conduisant au hameau de Cubrai du midi au nord ; le *vieux chemin de Nord-Libre à St.-*

Amand, auquel j'ai dit que l'avenue nouvellement percée va aboutir.

Le bois de St.-Amand est peuplé de bois-blancs, bouleaux, frênes, et surtout de chênes.

La partie du bois qui environne la fontaine et en forme à-peu-près le tiers, est principalement remarquable par la beauté des chênes qui y croissent. On y en trouve, entr'autres, vingt de 3^m. 80 de tour; mais ces beaux arbres, ni ceux de la même partie du bois, n'ont pas plus de 12 à 14 mètres de hauteur de tige sous la couronne. Toute la forêt était aussi richement meublée; mais la futaie en a été la proie des commissaires autrichiens. Aujourd'hui, un tiers est en futaie sur taillis; le reste n'est que taillis. Il faut un siècle pour réparer ce désastre.

Le bois est sillonné de fossés délimitatifs des différentes coupes ; ces fossés servaient en même-tems au desséchement du terrain naturellement très-aquatique. Du tems des moines, un certain nombre d'ouvriers de St.-Amand était presque continuellement occupé au curage de ces fossés.

Le bois de *Suchemont* provient de l'abbaye de Vicogne et est aujourd'hui national; il est contigu au bois de St.-Amand qui le borne au N.-O.; au N.-E. il est borné par la même chaussée *Brunehaut* qui le sépare du territoire de Bruille, comme elle en sépare le bois de St.-Amand; à l'Est et à l'Ouest, c'est la forêt de

Bois de Suchemont.

Raismes. Ce joli bois de Suchemont forme à-peu-près un carré de la contenance de 198 hectares. Dans le milieu se trouvent une ancienne chapelle, et un peu à côté, la maison du garde, environnées, l'une et l'autre, de quelques terres en culture. Un chemin, en ligne droite le coupe diagonalement, et vient former un des rayons d'une des grandes étoiles de la forêt de Raismes. De ce chemin diagonal se détache, dans le bois, un autre chemin qui conduit à la chapelle et chez le garde, et vient ensuite dans la forêt de Raismes. L'essence du bois y est la même que dans le bois de St.-Amand.

On y compte huit chênes de 3 mètres 80 centimètres de tour; deux de 4 mètres; un de 4 mètres dix centimètres.

Chêne de Suchemont. Mais l'arbre le plus remarquable, et que l'on cite avec raison comme un objet digne de l'attention des curieux, est un chêne situé dans le même bois, au nord et à un kilomètre à-peu-près de la fontaine.

Ce bel arbre à qui on peut donner l'âge de 200 ans, a de hauteur, depuis le niveau de la terre jusques sous sa couronne, 17 mètres 60 centimètres; 4 mètres 32 centimètres de tour à un mètre de terre, et 2 mètres 90 cent. à la couronne; cet arbre est mûr.

Sources du bois de Suchemont. Dans le bois de Suchemont on trouve plusieurs sources qui paraissent avoir quelqu'analogie avec les *fontaines bouillon de St.-Amand*; soit pour la profondeur, soit pour la nature des eaux qui exhalent une odeur à-peu-près semblable. Une de ces fontaines d'environ un mètre de circonférence à sa superficie, a été sondée avec une perche de plus de 10 mètres, sans que l'on ait touché le fond. A mesure que l'on plongeait la perche, on éprouvait une résistance pareille à celle que j'ai dit avoir été éprouvée lorsqu'on a sondé les bassins des *fontaines bouillon*.

Au midi de la forêt de St.-Amand, et à environ 1800 mètres de l'établissement des eaux et boues thermales et minérales , on trouve la *forêt de Raismes*; on y parvient en prenant le chemin qui conduit des Bains à Raismes. Cette forêt, l'une des plus belles du département , forme une masse de 1290 hectares ; elle est bornée au nord par les bois de St.-Amand et celui de Suchemont ; à l'est par le territoire de Bruille , le *bois national d'Écaupont* , et le *bois le Prince* ; au sud par les territoires de Bruyai , Beuvrages , Raismes ; à l'ouest par les *bois de Vicogne* et partie des *bois de St.-Amand*.

Forêt de Raismes.

De belles avenues la traversent en tous sens, aboutissant aux bois contigus et aux routes des villages situés aux environs de la forêt; elle est en outre enrichie depuis 40 ans d'une belle chaussée pavée qui la parcourt dans deux directions; savoir: dans sa plus grande longueur du sud au nord , sur 5 kilomètres; et du nord-ouest à l'est, sur un kilomètre de longueur.

La moitié du sol de cette forêt est d'une nature excellente; un quart est médiocre, le reste est très-mauvais.

Le *chêne* est l'essence dominante dans la *forêt de Raismes* : il est nécessaire de la maintenir comme telle ; on y en remarque de très-beaux. On a senti la nécessité d'en faire des pépinières, non seulement à cause de la rareté des glandées, mais aussi parce que, dans les meilleurs fonds où cet arbre végète le plus vigoureusement, la croissance des taillis étouffe les semis naturels, déjà affaiblis par les ronces et les grandes herbes ; ce jeune recru périssait et périra toujours dans de semblables terrains.

Le *hêtre* était rare ; on l'a introduit dans les terrains médiocres : il y végète bien ; mais il est dangereux de le multiplier dans ceux où le chêne se plaît. On peut le planter dans les mauvais, bonifiés par l'agriculture.

Le *frêne* a été trop multiplié dans la forêt ; il nuit beaucoup au chêne.

Il y a 40 ans environ, il a été planté dans la *forêt de Raismes*, plusieurs milliers de *châtaigniers* ; (51) ils croissent bien en haute-futaie : leur fruit

---

(51) Il paraît qu'à une époque bien antérieure, le châtaignier avait déjà été cultivé dans la forêt *de Raismes*, puis ensuite négligé. On y en voyait encore un, il y a 15 ans, qui était très ancien ; cet arbre paraissait avoir été, dans sa jeunesse, coupé au pied, d'où partaient deux tiges jumelles égales, hautes de 19 mètres, ayant chacune 2 mètres 30 centimètres de tour au pied, et portant des châtaignes qui mûrissaient dans les années sèches.

mûrit dans les années sèches; mais la cueillette qui en est faite avant maturité par les maraudeurs, fait souffrir l'arbre et empêche une récolte précieuse ; elle aurait été abondante en l'an 12 si le fruit avait été laissé jusqu'à sa chûte naturelle. On voit de ces arbres qui ont plus d'un mètre de tour.

Le *châtaignier* produirait de superbes taillis s'il était traité comme dans certains cantons où l'extrême besoin de cerceaux de cuves a fait découvrir et pratiquer des moyens de fortifier et de conserver les souches saines et vigoureuses. Il existe ici beaucoup de ces souches : elles périssent ou elles languissent ; peu se soutiennent. (52)

Le *peuplier d'Italie*, essayé dans différens terrains, y a péri par milliers; il a fallu cette expérience pour faire cesser l'enthousiasme avec lequel on le multipliait. Il veut les meilleurs fonds, mais ne mérite pas de les occuper de préférence à des essences meilleures. Il en a cependant été fait des plantations de quel-

_____

(52) Dans les forêts du département du Bas-Rhin, on récolte sur ces souches la meilleure qualité de cercles pour l'usage du vignoble Les solives de châtaigniers sont très-recherchées pour la charpente : celle de beaucoup d'anciens édifices du département du Nord, est de ce bois. Je citerai entr'autres celle du Lycée de Douai, (ci-devant collége d'Anchin). Preuve qu'anciennement cet arbre était cultivé dans les forêts du pays.

ques milliers dans le meilleur terrain de la forêt, il y a 36 ans. Les plus forts ont eté abattus en l'an 11 ; leur hauteur, du pied à la cîme, était de 24 à 25 mètres ; leur grosseur, d'un mètre 50 à un mètre 80 centimètres de tour. Quelques uns portaient un stère un quart de bois cube non compris les branchages.

Ce bois est extrêmement tendre, léger, cassant et sans nerf.

Le *peuplier du Canada* vaut un peu mieux : quelques milliers plantés dans cette forêt, y croissent bien ; l'un d'eux a 2 mètres de tour. Il lui faut aussi le meilleur terrain : il ne mérite guère plus que le peuplier d'Italie, de figurer dans les forêts, où la plus grande richesse consiste, a consisté et doit toujours consister en bois de construction propres à la marine, à la navigation intérieure, aux édifices publics, au charronnage, à l'artillerie, etc.

Les *peupliers noir et blanc* dits de *Hollande* et *Picard* se trouvaient aussi dans la forêt de Raismes, en médiocre mais suffisante quantité. Cet arbre, meilleur que les précédens, mérite de prendre place dans les forêts, mais avec beaucoup de réserve, parce qu'il nuit aussi au chêne.

Le *peuplier de la Caroline*, celui de la *Virginie*, y avaient été acclimatés ; la révolution les a fait disparaître. Le motif de leur culture n'était ni l'utilité, ni la bonté de leur bois ; pour leur beauté seulement ils sont appellés à figurer dans les bosquets de décoration.

La *sapinette* croît parfaitement dans les terrains au-dessous du médiocre ; elle vient passablement dans les mauvais.

Le *mélèse des Alpes* croît dans le médiocre ; il vient difficilement dans le mauvais (en masse) ; parfaitement bien dans le bon terrain.

Il n'existe plus qu'environ un mille de ces deux essences dans la forêt de *Raismes* ; ils ont de 60 à 110 centimètres de tour , 33 ans de plantation et 5 de pépinière ; ils forment des pyramides superbes. L'un de ces mélèses , du même âge que les autres , a un mètre 60 centimètres de tour et 17 mètres de hauteur ; il est dans un excellent fonds propre au chêne et au frêne , et il mérite de figurer avec ces deux arbres de première essence, à cause de la qualité de son bois , dont tous les auteurs font le plus grand éloge. On peut ajouter à cet avantage , sa prompte végétation , la beauté de sa forme , la belle verdure de ce nouvel habitant de ces forêts , et la faculté de montrer cette verdure avant tous ceux des autres arbres forestiers qui , comme lui , perdent leurs feuilles à l'automne.

Une centaine de *platanes* d'occident se voyent encore dans la forêt et y viennent bien. On doit cependant leur préférer le *plane* ou *sycomore*, en ce que celui-ci se multiplie par graine, et produit, dans les terrains qui lui conviennent, de bons taillis et de la futaie.

Un des arbres les plus propres à repeupler les terrains les plus ingrats de cette partie du département, est le *pin d'Ecosse*, pourvu qu'il soit traité selon sa nature sauvage.

Arbres exotiques d'agrement. On se donne beaucoup de soins pour élever dans nos jardins des arbres exotiques d'agrément, et l'on croit avoir obtenu de grands succès lorsqu'aux bout de quelques années, on peut en montrer qui soient d'une végétation passable. C'est dans la forêt de Raismes que les amateurs peuvent venir juger par eux-mêmes jusqu'à quel point il est possible d'obtenir dans les contrées du nord, des succès dans ce genre de culture.

Dans une ci-devant promenade de cette forêt, on trouve deux *tulipiers* qui ont 33 ans de semis. L'un des deux offre à un mètre de terre, 23 centimètres de tour; il a 14 mètres de hauteur, jusques et y compris la cîme : il est bien fait, mais porte peu de fleurs. L'autre, moins gros, est mal bâti, mais depuis 13 ans, il porte beaucoup de fleurs et de plus belles fleurs que le premier. C'est ainsi que la bonne nature dédommage souvent par des qualités aimables de l'esprit et du cœur, ceux qu'elle a moins favorisés du côté des avantages extérieurs.

Un *thuya d'Amérique* se trouve près de ces tulipiers : il a été planté à la grosseur de 6 centimètres
de tour, il y a 30 ans ; il en a aujourd'hui 80 et 2 mètres
de hauteur sous la couronne. Il est branchu, écrasé
par d'autres arbres ; il vient encore bien, mais
viendrait mieux s'il était dégagé.

Il reste au même lieu quelques *ifs* écrasés et mal
faits, ainsi qu'un *catalpa* mutilé.

Le reste des arbres étrangers qui ornaient cette
promenade, a été dérobé ou coupé pendant l'inva-
sion de l'ennemi.

Un partage avait divisé cette grande forêt en deux Aménage-
portions égales : l'une comportait 14 coupes, l'autre 13. foret de
Depuis cette époque elle reste divisée en 27 coupes : Raismes.
deux sont exploitées annuellement ; la 27.me, plus
grande que les autres, va seule : ce qui a établi depuis
60 ans, l'âge des coupes à 14 ans pour le taillis.

La haute-futaie se coupe par jardinage, la même
année des coupes du taillis ; elle est belle partout
où le sol est bon.

J'ai dit qu'une partie du sol est extrêmement
mauvaise. M. *de Cernay*, propriétaire, et ses ancêtres
avaient voulu le bonifier. Des essais dispendieux, continués pendant plus de 50 ans, n'avaient cependant
pas rendu ce terrain productif. Enfin la forêt
ayant été confiée à la direction de M. *Lemoine*,
actuellement garde - général, des changemens

prompts et heureux annoncèrent bientôt l'influence de son génie.

Les baliveaux ne se renouvellaient point dans les bons terrains ; des saignées, des pépinières les ont multipliés ; elles ont procuré des plants vigoureux en châtaigniers, chênes, hêtres, qui ont figuré bien plus solidement que ceux tirés des bois.

Dans les terrains ingrats, il a desséché, défriché quelques portions choisies dans les emplacemens les plus stériles, qu'il a ensuite semés et repiqués de pins d'Ecosse, de hêtres, de chênes, de bouleaux, etc., qui ont parfaitement réussi.

Ces premiers essais faits, il s'agissait de réaliser en grand ce qui avait si bien réussi en détail. C'est un principe généralement établi aujourd'hui parmi les agronomes, qu'un alternat de culture et de plantation est le moyen seul infaillible pour rendre un terrain richement productif en bois. *Lemoine*, attentif observateur, avait saisi ce précepte de la prévoyante nature : 5o hectares de landes sont, par ses soins, saignés, asséchés par des rigoles, et livrés à l'agriculture par baux de 18 et 36 ans, avec des encouragemens ; en même-tems il prépare différentes pépinières dans l'intérieur de la forêt, dont les produits sont destinés à repeupler les terrains que la culture aura suffisamment préparés . . . . . Malheureusement le décès du propriétaire, et d'autres circonstances ont arrêté ces utiles opérations.

Aujourd'hui la totalité de ces terrains momentanément mis en culture, reste en pure perte pour la production forestière; une partie (celle qui est le plus à portée des engrais) continuant à être aménagée en terres labourables, tandis que le reste est en friche. De cet état de choses, il résulte que, déjà, dans cette belle forêt, 200 hectares sont dévorés par les bruyères; au lieu qu'en suivant la marche tracée, les défrichemens faits étant successivement replantés en bois, on y aurait trouvé les plantes nécessaires pour repeupler des landes déshonorantes.

La même imprévoyance a, pendant le cours de la révolution, causé un grand préjudice au bois de St.-Amand et autres forêts impériales environnantes. Plus de 100 hectares y avaient été défrichés, dans le but unique d'être repeuplés en bois. Livrés à la charrue pour un bail de 36 ans, ils devaient, à l'expiration du bail, être repicqués. Quelques portions en ont été imprudemment vendues quoiqu'enclavées dans les bois; quelques autres continuent à être en culture peu productive; le reste a été abandonné par les malheureux qui se sont ruinés en voulant en tirer parti; mais toutes peuvent produire du bois si on peut les replanter. Quatre cents au très hectares de semblable terrain appellent, dans ces forêts, l'opération si avantageuse de l'alternat de la culture. Après un défrichement de quelques années , 400 hectares de landes peuvent être changés en 400 hectares de belles raspes entremêlés de futaie.

Cette amélioration ne peut échapper au zèle éclairé du fonctionnaire actif à qui vient d'être confiée la conservation de cette branche de richesse publique, dans les départemens du Nord et du Pas-de-Calais. Les intentions bien prononcées de l'administration générale des forêts lui sont connues; il sait combien le gouvernement veut fortement le rétablissement de l'ordre dans cette portion de revenu public : avec de tels appuis, on est bien fort pour faire le bien. (53)

Petite forêt de Raismes. Non loin de la grande *forêt de Raismes*, se trouve la petite forêt du même nom ; elle paraît être un démembrement de la première dont elle n'est séparée que par le village de Raismes. Sa contenance est d'environ 500 hectares ; elle est bien percée d'avenues et de chemins de vidanges. Une chaussée pavée la traverse pour cet objet , dans sa plus grande dimension (5 kilom.) ; elle n'a pas de mauvais terrains

---

(53) La prévoyance du garde général, *Lemoine*, donnerait, dès ce moment la facilité de commencer le repeuplement ; il a déjà plus de 3000 pins d'Écosse, semis d'un an et de deux ans, 2000 hêtres, 6000 petits chênes, semis de deux et trois ans, quelques cents de larix, semis d'un an ; il a des fils, des petits fils qui partagent son goût pour les plantations, et pourraient opérer avec intelligence et économie, sous sa direction..... Il a surtout pour garans irrécusables, ses anciens succès dans cette branche de l'économie rurale.

comme la grande forêt, et à peine s'y en trou-
ve-t-il un huitième de médiocre. La *petite forêt
de Raismes* est riche en taillis sur lequel croît une
belle futaie. L'essence du bois est la même que
dans la grande forêt de Raismes. Le taillis se
coupe à ras à l'âge de 10 ans ; la futaie s'exploite
en même-tems par jardinage. Le bois de construction que produit la petite forêt de Raismes, est de
première qualité. Malgré les anticipations des anciens propriétaires et les ravages de la guerre, on
peut encore dire de cette forêt qu'elle est riche et
belle.

C'est dans la petite forêt de Raismes, autour du
couvent des Carmes de *Bonne espérance*, qu'étaient
campés les Français pendant les 40 jours qui ont
précédé le blocus de Valenciennes, du 23 mai 1792;
ils étaient cantonnés dans des fossés alors secs et couverts de branchages et de gazons. *Traces des ravages de la guerre.*

Les Autrichiens campés en avant du bois y avaient
deux batteries pour les protéger. Outre les combats
journaliers dont ce bois était le théâtre, il a eu à
souffrir de trois batailles générales : celle du 2 mai,
celle du 8 mai où le général *Dampierre* eut la cuisse
emportée entre les maisons de Raismes et la petite
forêt de Raismes, et celle du 22 où les Français
furent obligés d'abandonner leur grand camp de
l'autre côté de Valenciennes, tandis que ceux postés
à Raismes se soutenaient vigoureusement.

Aussi les arbres de la *petite forêt de Raismes* sont-ils criblés de balles. Les écarisseurs des chênes abattus en l'an 12 pour le service de la marine, ont trouvé jusques cent balles dans chacun des plus gros chênes; ils ne faisaient cette extraction qu'aux heures de repos; pendant leur travail ou leur absence, des particuliers gagnaient leur journée à de pareilles extractions; il en est en outre resté beaucoup dans les pièces livrées à la marine et dans les remarans. La plupart de ces balles étaient enfoncées dans l'intérieur du bois, de 12, 14 et jusqu'à 17 centimètres.

On a observé que, particulièrement dans le chêne, le séjour des balles cause une pourriture chancreuse qui suinte, se recouvre sans se guérir, et rend le bois cassant aux endroits blessés.

Gibier. L'ancien propriétaire de la forêt de *Raismes*, M. de *Cernai*, avait peuplé ce bois de daims, cerfs, chevreuils; la forêt de St.-Amand avait des sangliers; le lièvre, le lapin, le blaireau étaient communs dans toute cette masse de forêt; le renard y était assez multiplié, et on y voyait quelquefois des loups de passage. Aujourd'hui il ne reste plus que des lièvres, des lapins, des renards, des blaireaux; rarement le loup y apparaît.

Couleuvres. Le bois de St.-Amand, surtout dans les environs de l'établissement des bains, a beaucoup de couleuvres; il n'est pas rare dans les belles journées d'été, d'en rencontrer dans les avenues qui servent de promenade. Mais ce reptile n'y est ni venimeux ni dangereux, et il est sans exemple que personne y ait même été piqué. Avec une simple baguette on peut se défaire de cet hôte importun, en lui assenant un coup qui le coupe facilement en deux. Comme la vue de ce reptile peut causer une impression désagréable, surtout aux dames, ce serait un acte de galanterie de la part des cavaliers baigneurs, de donner quelques momens, chaque jour, à la chasse des couleuvres.

TABLE SOMMAIRE.